职业院校工程施工实训教材

砌体结构施工实训

张建荣　董迎霞　主编

中国建筑工业出版社

图书在版编目（CIP）数据

砌体结构施工实训/张建荣等主编. —北京：中国建筑工
业出版社，2016.12
职业院校工程施工实训教材
ISBN 978-7-112-20078-8

Ⅰ.①砌⋯　Ⅱ.①张⋯　Ⅲ.①砌体结构-工程施工-高等职
业教育-教材　Ⅳ.①TU36

中国版本图书馆 CIP 数据核字（2016）第 273489 号

　　本书包括砖砌体混合结构施工的测量工程、砌筑工程、钢筋工程、模板工程、
脚手架工程等 5 个分项工程，按砌体结构施工的工作过程分解为 12 个实训任务。
每个实训项目的组织以行动导向教学理念为指导，包含实训任务、实训目标、实训
准备、实训操作、总结评价等教学环节，可以指导学生开展基本操作技能训练，学
习相关专业理论知识，提高学生的职业能力，提升学生的职业综合素养，引导学生
在实践的基础上积极思考，提高学习能力。

　　本书可作为中等职业学校建筑工程施工专业和高职院校建筑工程技术专业的实
训教材，也可供各个层次土建类相关专业的砌体结构施工实训课程使用，同时也可
作为成人教育、相关职业岗位培训教材。

　　责任编辑：朱首明　聂　伟
　　责任设计：李志立
　　责任校对：王宇枢　李欣慰

职业院校工程施工实训教材
砌体结构施工实训
张建荣　董迎霞　主编
*
中国建筑工业出版社出版、发行（北京海淀三里河路 9 号）
各地新华书店、建筑书店经销
北京红光制版公司制版
北京圣夫亚美印刷有限公司印刷
*
开本：787×1092毫米　1/16　印张：7¾　字数：190 千字
2017 年 2 月第一版　　2017 年 2 月第一次印刷
定价：**20.00** 元
ISBN 978-7-112-20078-8
（29550）

前　言

　　本书的实训项目以某砖砌体混合结构的多层宿舍楼为背景，截取了第一层两个房间进行施工实训。考虑混凝土养护时间较长、浇筑完成后拆除不便、材料损耗大、实训成本高等原因，实训条件假设为基本测设控制点已经设定，基础工程已经施工完毕。因此，实训重点是基础工程施工完成之后的测量工程、砌筑工程、钢筋工程、脚手架工程、模板工程等5个施工分项，并进一步分解为施工技术交底、施工安全准备、建筑定位放线、构造柱钢筋制作安装、墙体预埋件制备安装、墙体砌筑、外脚手架搭设、满堂脚手架搭设、模板制作安装、圈梁钢筋制作安装、楼板钢筋制作安装、楼板混凝土内预埋件安装等12个实训任务。教师可以根据学校实训基地的实训条件灵活使用本书，既可以参照本书的顺序进行砌体结构房屋施工的全过程训练，也可以单独进行每个工作任务的训练。

　　本书的特点是将基于行动导向教学理念的项目教学法应用于每个实训工作任务之中。教师在教学的过程中要改变传统的角色定位，从知识的传授者变成活动的组织者、促进者，甚至是施工操作的参与者，在带领学生完成施工任务的过程中有意识地帮助学生积累实际工作经验，让学生在体验式的环境中学习。教师也可以不受本书的局限灵活组织实训，以在更大程度上帮助学生加深对砖砌体混合结构房屋施工过程的认识，提高学生的职业技能，提升学生的职业素养。通过施工实践，使学生看到真实而完整的劳动成果，感受成功的喜悦，激发学习的热情和兴趣，增强从业的自尊和自信。

　　本书由张建荣、董迎霞主编。参加编写的有中等职业学校、高等职业院校教师及建筑企业技术人员，主要有：汪建国、杨云洪、程林、李晓燕、董静、任延朋、刘晓平、刘毅、顾菊元、虞耀盛、郭蜀鄂、周想、易佳。实训照片均拍摄自上海思博职业技术学院建筑工程实训基地。在同济大学职业技术教育学院参加国家级骨干教师培训班的学员张来全、陈光亚、王丽萍、李保臣、王振、唐峰、王海娜、金明辉、黄炜、刘澎、张彩飞、王曰晓、岳峻、徐宝英、徐晓明、王应朝等参与了实训方案讨论。同济大学2015届本科毕业生肖小丽、2016届本科毕业生林怡洁等参与了书稿的整理工作。在此一并表示衷心感谢！

　　限于编者水平，书中难免有错误和不当之处，敬请读者批评指正。

目　录

任务 1   施 工 技 术 交 底

施工技术交底通常是在某一单位工程开工前，或某一分项工程施工前，由相关专业技术人员向参与施工操作人员进行的技术性交待。施工技术交底可以在相关单位之间进行，如设计院对施工单位操作的交底；也可在建筑企业内部各部门之间进行，如企业技术研发部门对生产部门进行专项施工技术交底；也可以在企业上下级之间进行，如技术负责人对班组长、施工员、工人做交底。施工技术交底主要是对设计意图，图纸、适用规范的要求，施工工艺、施工难点和做法，安全、质量、文明施工与环境保护的重点、难点进行交底和解释。其目的是使施工人员对工程特点、技术质量要求、施工方法和安全措施等有一个较详细的了解，以便于科学组织施工，避免质量、安全事故发生。图1-1为施工技术交底的照片。

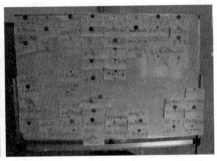

图 1-1   施工技术交底

技术交底的内容、过程、结论、参与人员、时间等都必须记录在案，这些都是工程技术档案资料中不可缺少的部分。记录既用于证明单位之间，或者部门、上下级之间履行了技术工作的职责，保证了技术工作的上下衔接；也可在发生质量、安全事故时，作为分析事故原因的辅助技术资料。

1.1   实训任务

阅读本实训项目及背景工程的主要建筑施工图、结构施工图，了解施工的主要内容及注意事项。分组讨论与图纸及项目施工相关的技术问题，进行施工技术交底模拟实训，填写施工技术交底记录表。

1.2   实训目标

（1）熟悉施工技术交底的目的、内容及一般流程。

（2）了解施工技术交底的分类、适用场合及注意事项。

（3）掌握技术交底会议纪要的编写方法。

（4）协商解决分歧，达成共识。

1.3　实训准备

1.3.1　施工技术交底的内容

（1）施工范围、工序组成、工程量和试验方法及要求。

（2）施工图纸的解释。

（3）施工方案及措施。

（4）操作工序、工艺及保证质量、安全的措施。

（5）工艺质量标准和评定办法。

（6）技术检验和验收要求。

（7）进度要求、施工布置及施工材料施工机械、劳动力安排与组织。

（8）技术记录内容和要求。

（9）其他施工注意事项。

1.3.2　施工技术交底的特点

（1）交底的时效性

现场施工是以技术交底为依据进行的。没有技术交底，操作人员无法及时开展施工，将会影响到施工进度。没有及时交底，也会因为操作人员的理解与设计人员要求的不一致、不到位而造成返工，欲速则不达。所以交底必须根据施工进度及时有序进行，不可滞后。

（2）交底的准确性

技术人员在向操作人员进行交底时，必须先熟悉图纸，掌握施工工艺，认真思考施工过程中容易出现的问题。同时也要了解操作人员施工中的习惯做法，有针对性地对可能出现的问题提出预案，有效把控施工过程中的关键环节。

（3）交底的可操作性

施工技术交底面对的是基层操作人员，所以技术交底必须体现简单易懂的原则。在交底时，不能只是简单地照抄规范和复印图纸，要善于把复杂的设计图纸转化成操作人员能够接受的、具有可操作性的文字或简图。技术人员不能直接用书本上的语言与工人交流，而是要用操作人员熟知的技术语言表达交底内容，让操作人员一听就懂，一看就会。技术人员也不能笼统地重复"按图纸施工"、"按规范要求做"等不具操作性的语言，而应该具体地说明操作时所应达到的度、量、性等具体、明确、可控的信息。

（4）交底的可追溯性

交底具有追溯性，所以在交底文件下发时，必须注明交底内容、交底时间、交底人、被交底人、交底附件、交底数量、编制人、审核人、签收人等一系列内容，让其他人在拿到一份技术交底文件时，能够一目了然。交底文件设专人管理，汇编流水号，以便在以后的调查及检查中，能够及时翻阅。

1.3.3　施工技术交底的形式

（1）施工组织设计交底可通过召集会议形式进行，并应形成技术会议纪要归档。

（2）通过施工组织设计编制、审批，将技术交底内容纳入施工组织设计中。

（3）施工方案可通过召集会议形式或现场授课形式进行技术交底，交底的内容可纳入施工方案中，也可单独形成专项技术交底方案。

（4）各专业技术管理人员应通过书面形式配以现场讲授的方式进行技术交底，技术交底的内容应单独形成交底文件。

1.3.4　施工技术交底的编写原则

（1）交底内容必须针对工程实际，不可弃工程实际不顾而照抄规范、标准和规定。

（2）交底内容必须实事求是，切实可行，不能因施工原因而降低要求。

（3）交底内容必须重点突出，全面具体，确保达到指导施工的目的。

（4）交底工作必须在施工以前进行，不能后补。

（5）编写的流程和内容应力求科学化、标准化、可操作化，尽量用图表直观表达，减少文字叙述。

1.3.5　施工技术交底编写注意事项

（1）交底应在完成施工组织设计或施工方案编制以后编写。将施工组织设计或施工方案中的有关内容纳入施工技术交底中。

（2）交底应集思广益，综合多方面意见，提高质量，保证可行，便于实施，确保安全。

（3）交底内容应尽可能使用肯定语，以便检查与实施。

（4）交底的文字要简练、准确，不能错误。字迹要清晰，交接手续要齐全。

（5）交底需要补充或变更时应重新编写交底。

1.4　实训操作

1.4.1　人员分组

施工技术交底采用模拟教学法，按技术交底参与单位及人员分工进行角色分配，分组讨论演练。按照技术交底的参与单位及角色分工，每个小组一般包括以下人员：

（1）工程地质勘查单位，含项目的负责人。

（2）设计单位，含单位技术负责人、项目的各项专业设计人员。

（3）施工单位，含单位技术负责人、项目的项目经理和技术负责人。

（4）监理单位，含单位技术负责人、项目的总监。

（5）建设单位相关人员，含专业技术责任人、项目总负责人。

（6）质监站、安监站等相关人员。

1.4.2　图纸识读

图 1-2 为建筑一层平面图，图 1-3 为建筑立面图和剖面图，图 1-4 为楼盖结构平面及楼板附加钢筋布置图，图 1-5 为楼板配筋图。

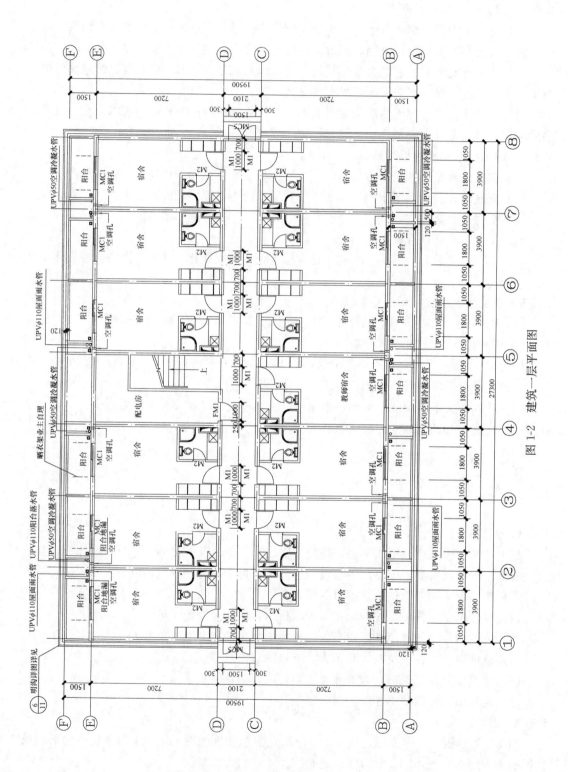

图 1-2 建筑一层平面图

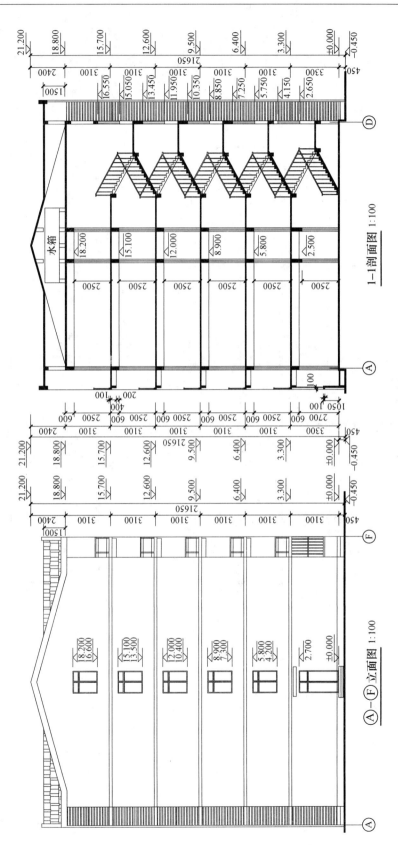

图 1-3　建筑立面图和剖面图

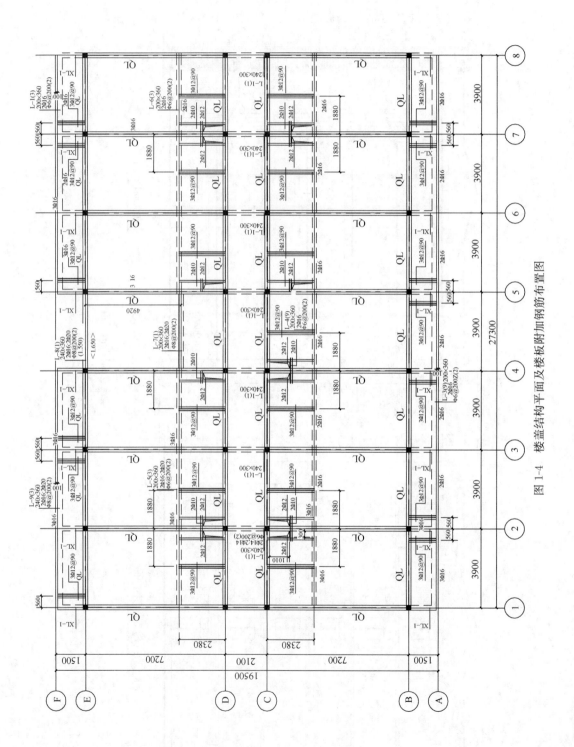

图 1-4 楼盖结构平面及楼板附加钢筋布置图

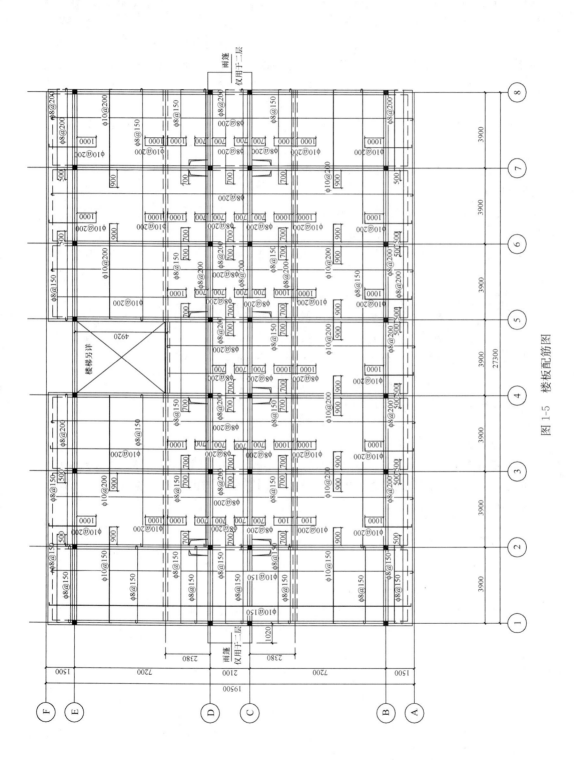

图 1-5　楼板配筋图

　　施工单位收到拟建工程的设计图纸和有关技术文件后，应尽快组织工程技术人员熟悉和自审图纸，写出自审图纸的记录。自审图纸的记录应包括对设计图纸的疑问和相关建议。

　　读图时应先看建筑施工图，然后看结构施工图，再看设备施工图。读图时不仅要遵循建筑施工图和结构施工图识读的顺序，做到详细审读每张图的重点部位，还要进行图纸之间的互相比对，做到在读懂施工图的同时能够发现图纸中的错误、落项、互不协调、互相矛盾等问题。

　　从建筑施工图（图 1-2、图 1-3），可得到以下信息：

　　(1) 了解建筑面积、层数、结构形式、使用功能。

　　(2) 识读建筑平面图，了解建筑楼层的使用功能分配，主要房间和走廊的轴间尺寸，楼梯间的位置、尺寸等。

　　(3) 识读建筑立面图，了解建筑物的室内外高差、各层层高、建筑总高等竖向尺寸和门窗高度。

　　(4) 识读建筑剖面图，详细了解建筑物的室内外高差、各层层高、楼梯沿高度细部等竖向尺寸。

　　从结构施工图（图 1-4、图 1-5），可以得到以下信息：

　　(1) 承重墙布置、非承重墙布置、构造柱平面布置。

　　(2) 各层不同编号构造柱截面尺寸和层高。

　　(3) 识读楼盖结构平面布置图，了解不同编号梁截面尺寸和配筋情况。

　　(4) 识读楼板结构配筋图，了解不同编号板厚和配筋情况。

1.4.3　问题讨论

　　(1) 本项目设计中所参考或依据的标准、规范有哪些？

　　(2) 本工程建筑面积是多少？核对设计文件中建筑面积计算是否准确。

　　(3) 墙体是如何布置的？哪些是承重墙？哪些是非承重墙？墙体厚度分别是多少？

　　(4) 立面图墙上洞口的位置、大小与各层平面图中洞口的位置、宽度尺寸是否吻合？各方向立面图竖向尺寸标注是否准确？节点标高标注是否准确？

　　(5) 抗震设防烈度、抗震等级、环境类别、钢筋保护层、结构材料及强度等级分别是什么？

　　(6) 过梁、圈梁、构造柱、拉结筋是如何设置的？是否正确？

　　(7) 结构平面图轴线与建筑图轴线布置是否一致？

　　(8) 结构图中的层高、标高是否与建筑图中建筑标高衔接一致？

　　(9) 不同位置的梁是如何进行编号的？梁截面尺寸和配筋是如何标注的？不同编号梁的跨数标注、集中标注截面尺寸、原位标注截面尺寸是否合理？集中标注和原位标注钢筋配置是否合理？

　　(10) 识读各层楼板结构平面图，重点看：不同编号板的厚度是多少？不同编号板中钢筋是如何配置的？不同编号板的厚度和钢筋配置是否合理？

　　(11) 按砌筑工程、钢筋工程、脚手架工程、模板工程、设备安装工程分别讨论施工方案、操作工艺流程、工艺要求及注意事项。

1.4.4 施工技术交底编写

施工技术交底一般以分项工程按工种划分归类进行编写。按工种划分归类实际上就是按操作工种划分,可以使参与施工的所有人员比较系统的了解和掌握整个工程的全部情况,有助于统筹管理和全员、全过程管理,避免重复、减少篇幅,有助于原始资料标准化的实现。讨论过程中应对所探讨的问题逐一做好记录,在统一认识的基础上,形成施工技术交底。

施工技术交底项目的编制内容:

(1) 工程概况,是对项目中各项工程的名称、部位、数量规格、型号和设计要求等进行综合介绍。宜采用表格形式,除表格以外如需要说明的内容,可增加一部分文字叙述,但必须简明扼要。

(2) 质量要求,包括设计的特殊要求和有关规范、标准的规定,既包括工程质量标准还包括材料质量标准。

施工技术交底一般以表格的形式呈现,见表 1-1。

施工技术交底记录　　　　　　　　　　　　　　　　表 1-1

工程名称		施工单位		
交底部位		工序名称		班组

交底内容:

项目(专业)技术负责人		交底日期	
交底人		接受人	

1.5 实训施工方案

前面以某宿舍楼为背景介绍了建筑施工图和结构施工图。考虑学校实训条件的限制,为便于理解和实训实施,在本书后续实训中,在宿舍楼背景工程基础上做了进一步简化。在平面上,横向仅取两个开间,纵向仅取一个寝室的进深,在高度方向,仅施工基础以上的一层。简化后,实训施工的建筑平面如图 1-6 所示,实训施工的结构平面及楼板附加钢筋布置如图 1-7 所示,实训施工的楼板结构配筋如图 11-2 所示。

砌体结构每一层土建施工过程一般为:轴线及高程复核→构造柱钢筋安装→墙体砌筑→构造柱模板安装→构造柱混凝土浇筑→圈梁及楼板模板安装→圈梁及楼板钢筋安装→圈梁及楼板混凝土浇筑→混凝土养护。

　　为便于教学实施，本实训项目施工的主要内容及顺序为：定位放线→构造柱钢筋绑扎→墙体内预埋件准备→墙体砌砖→外脚手架搭设→室内满堂脚手架搭设→构造柱模板、圈梁模板、楼板模板安装→圈梁钢筋绑扎安装→楼板钢筋绑扎→楼板内预埋管线安装。

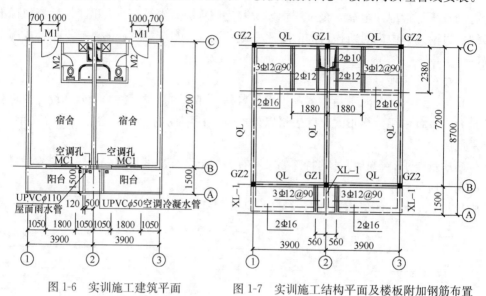

图 1-6　实训施工建筑平面　　　　图 1-7　实训施工结构平面及楼板附加钢筋布置

1.6　总结评价

1.6.1　实训总结

　　参照表 1-2，对实训过程中出现的问题、原因以及解决方法进行分析，并与实训小组的同学讨论，将思考和讨论结果填入表中。

实训总结表　　　　　　　　　　　　　　　　　　　　　表 1-2

组号		小组成员		日期	
实训中的问题：					
问题的原因：					
问题解决方案：					
实训体会：					

1.6.2 成绩评定

针对每个学生在实训过程中的表现和每个小组的实训成果进行评价，采取个人自检自评、小组自检自评、小组互检互评及指导老师或专业师傅评价相结合的方式，参照表1-3进行实训成绩评定。

实训成绩评定表　　　　　　　　　　　　　　　　　　　　表 1-3

考核内容		分值	个人自评	小组自评	小组互评	教师评价
素质	纪律、卫生、文明	10				
	语言表达能力及沟通能力	10				
	团队合作精神	10				
能力	对实训任务工作目标的理解	10				
	实训过程中的组织和管理	10				
	操作步骤清晰明了	10				
	操作动作的正确性	10				
知识	知识掌握的全面性	10				
	知识掌握的熟练程度	10				
	知识掌握的正确性	10				
合计		100				
成绩评定						

1.7 拓展内容：设计交底

1.7.1 设计交底的目的

设计交底指在施工图完成并经审查合格后，设计单位在设计文件交付施工时，按惯例就施工图设计文件向施工单位和监理单位做出详细的说明，主要交待建筑物的功能与特点、设计意图与施工过程控制要求等。其目的是使施工单位和监理单位正确贯彻设计意图，加深对工程特点、难点、重点的理解，掌握关键工程部位的质量要求，确保工程质量和安全施工。

1.7.2 设计交底的内容

（1）施工现场的自然条件，工程地质及水文地质条件等。

（2）设计主导思想、建设要求，使用的规范、标准。

（3）设计抗震设防烈度的确定。

（4）基础设计、主体结构设计、装修设计、设备设计（设备选型）等。

（5）对基础、结构及装修施工的要求。

（6）对建材的要求，对使用新材料、新技术、新工艺的要求。

（7）施工中应特别注意的事项。

（8）设计单位对施工单位和监理单位提出的施工图纸中问题的答疑。

1.7.3 设计交底的一般流程

（1）主持人对交底的目的和内容进行简要介绍。

（2）工程勘察单位就工程勘察作简要介绍。

（3）设计单位就设计文件作简要介绍。

（4）施工单位提出设计文件中的各种技术问题及解决建议。

（5）监理单位提出设计文件中的各种技术问题及解决建议。

（6）建设单位项目部和相关处室提出设计文件中的各种技术问题及解决建议。

（7）质监站提出设计文件中的各种技术问题及解决建议。

（8）安监站提出设计文件中的各种技术问题及解决建议。

（9）设计单位就各相关单位提出的设计中的各种技术问题及解决建议进行全面答复。

（10）建设单位总工办对设计院需要建设单位明确的有关技术问题进行答复或提出解决方案。

（11）主持人总结。

思　考　题

（1）技术交底的目的是什么？

（2）技术交底一般分为哪几类？

（3）简述技术交底的一般过程。

（4）简述技术交底记录的主要内容。

（5）简述参加完技术交底实训后的体会。

任务 2   施工安全准备

　　施工安全管理是指对建筑工程项目施工过程的安全工作进行计划、组织、指挥、控制和监督等一系列的管理活动。建筑业是事故多发行业。建筑工程项目施工的产品固定、人员流动大，且多为露天、高空作业，施工环境和作业条件差，规律性差、隐患多，不安全因素随着工程进度的变化而不断变化。因此，强化施工安全管理，对保证施工现场的安全，保障人民的生命财产安全，具有重要意义。

　　安全管理的目的是为了安全生产，应当符合"安全第一，预防为主，综合管理"的安全生产方针。因此，做好开工前的施工安全准备工作十分必要。"预防为主"是实现"安全第一"的最重要手段。采取正确的措施和方法进行安全准备和安全控制，从而减少甚至消除事故隐患，尽可能把事故消灭在萌芽状态，是安全控制最重要的思想。安全施工是对施工单位施工全过程的要求。施工安全教育不是一朝一夕的事，应该"警钟长鸣"。每天在施工现场布置实训任务时都要关注安全问题，应针对每个实训任务提出安全措施，防患于未然。图 2-1 为实训前进行安全教育的照片。

图 2-1   施工安全教育

2.1   实训任务

　　以演讲、讨论、辩论、方案设计、现场布置、现场检查等形式，针对本项目的施工实训，进行实训安全准备，制定施工安全管理制度，模拟安全技术交底，进行安全措施说明，开展系列安全教育活动。

2.2   实训目标

　　技能目标：能在施工现场进行安全宣传标志的布置，掌握施工现场安全管理措施的检查方法；熟悉安全隐患排查方法和过程；能够建立和执行安全管理制度；能组织开展安全技术交底。

知识目标：了解施工现场安全管理的具体内容；掌握安全管理的基本原则及要求，熟悉安全管理制度。

情感目标：提升同学之间交流、合作、相互监督、互帮互学等基本能力。

2.3 实训准备

2.3.1 安全管理的基本原则

安全管理要坚持以下六项基本原则。

（1）管生产同时管安全。安全寓于生产之中，并对生产发挥促进与保证作用。因此，安全与生产虽有时会出现矛盾，但两者的目标、目的却表现出高度的一致和完全的统一，存在着进行共同管理的基础。一切与生产有关的机构、人员，都必须参与安全管理并在管理中承担责任。认为安全管理只是安全部门的事，是一种片面的、错误的认识。

（2）坚持安全管理的目的性。安全管理的内容是对生产中的人、物、环境因素状态的管理，有效的控制人的不安全行为和物的不安全状态，消除或避免事故。达到保护劳动者的安全与健康的目的。没有明确目的的安全管理是一种盲目行为。

（3）贯彻预防为主的方针。安全生产的方针是"安全第一、预防为主，综合管理"。进行安全管理不是处理事故，而是对生产因素采取管理措施，有效控制不安全因素的发展与扩大，把可能发生的事故消灭在萌芽状态。要端正对生产中不安全因素的认识，端正消除不安全因素的态度，选准消除不安全因素的时机。在施工过程中，要明确责任，经常检查、及时发现不安全因素，并尽快采取措施、坚决地予以消除。

（4）坚持"四全"动态管理。安全管理不是少数人和安全机构的事，而是一切与项目有关的人共同的事。安全管理涉及工程项目的方方面面，涉及从开工到竣工交付的全部施工过程，涉及全部的生产时间，涉及一切变化着的生产因素。因此，必须坚持全员、全过程、全方位、全天候的动态安全管理。

（5）安全管理重在控制。建筑工程事故的发生，是由于人的不安全行为运动轨迹与物的不安全状态运动轨迹的交叉。因此，安全管理的重点是对施工中人的不安全行为和物的不安全状态的动态控制。

（6）在管理中发展、提高。安全管理需要不断摸索新的规律，不断总结管理、控制的办法与经验，指导新的变化后的管理，从而消除新的工程项目或新的施工活动中的危险因素，使安全管理不断上升到新的高度。

2.3.2 安全管理的基本要求

（1）建立安全生产保障管理体系。

（2）必须取得行政主管部门颁发的《安全施工许可证》后才可开工。

（3）总承包单位和分包单位都应持有《施工企业安全资格审查认可证》。

（4）各类人员必须具备相应的执业资格才能上岗。

（5）所有新员工必须经过三级安全教育，即进公司、进项目部和进班组的安全教育。

（6）特殊工种作业人员必须持有特种作业操作证，并严格按规定定期进行复查。

（7）对查出的安全隐患要做到"五定"，即定整改责任人、定整改措施、定整改完成时间、定整改完成人和定整改验收人。

（8）必须把好安全生产"六关"，即措施关、交底关、教育关、防护关、检查关和改进关。

（9）施工现场安全设施齐全，并符合国家及地方有关规定。

（10）施工机械（特别是现场安设的起重设备等）必须经安全检查合格后方可使用。

2.3.3　安全管理的相关制度

严格安全施工，执行劳动保护，贯彻执行一系列安全保护方面的有关责任、计划、教育、检查、处理等规章制度，是进行安全管理的重要条件。这些制度主要有：

（1）安全生产责任制度；

（2）安全生产奖惩制度；

（3）安全技术措施管理制度；

（4）安全教育制度；

（5）安全检查制度；

（6）工伤事故管理制度；

（7）交通安全管理制度；

（8）防暑防冻管理制度；

（9）特种设备、特种作业安全管理制度；

（10）安全值班制度；

（11）工地防火制度。

2.3.4　施工现场安全生产管理措施

安全生产必须天天讲、人人管、人人牢记、互相监督，以防为主，严格纪律，奖罚分明。实行三级安全管理制度，由公司经理和项目经理签署安全合同书（一级），由项目经理和工长签署安全合同书（二级），由工长和施工班组签署安全合同书（三级），进行安全管理。在项目经理领导下，设安全施工领导小组，按规定人数配专职人员负责日常安全施工检查，发现问题及时整改，消除隐患，严禁违章作业。

在施工现场，做好安全"三宝、四口、五临边"防护工作，现场设安全防护栏，防止刺伤、摔伤、物体打击、机电伤害、高空坠落等事故发生。在没有征得项目经理同意的情况下，不得拆除、搬移和取消安全防护栏。

加强安全生产教育，严格遵守安全操作规程和规章制度。进场前对所有施工人员针对该工程具体情况进行安全教育和安全技术培训。对操作人员要做好安全交底工作。专业工长对分部分项工程的施工进行技术交底时，必须同时进行书面安全技术交底，贯彻安全操作规程，对施工中可能发生安全问题的环节进行预测，提出预防措施。

2.3.5　施工临时用电安全管理

现场临时用电安全严格按照《施工现场临时用电安全技术规范》JGJ 46—2012中的有关规定进行管理。项目部应制定安全用电管理制度。

现场临时用电的操作由取得上岗证的电工担任，电工等级应与工程的难易度、技术复杂性相适应。工人必须严格规范操作，无特殊原因和保护措施，不准带电作业，操作时正确使用个人防护用品。

夜间施工操作要有足够的照明设备，直接用于操作的照明灯采用 36V 低压防爆工作灯。

2.3.6　高空作业安全操作预案

高空作业要按照《建筑施工高处作业安全技术规范》JGJ 80—2016 的要求进行管理。

施工前，应逐级进行安全技术教育及交底，落实所有安全技术措施和防护用品，否则不得施工。

高处作业中的安全标志、工具、仪表、电气设施和各种设备，必须在施工前进行检查，确认其完好，方能投入使用。

攀登和悬空高处作业人员以及搭设高处作业安全设施的人员，必须经过专业技术培训及专业考试合格，持证上岗，并定期进行体检。

施工时发现高处作业的安全技术设施有缺陷或隐患时，必须及时解决；危及人身安全时，必须停止作业。

攀登用具必须牢固可靠。当梯面上有特殊作业时，重量不能超过允许荷载。

作业人员应从规定的通道上下，不得在阳台之间等非规定通道攀登，也不得任意利用脚手架等攀登。

悬空作业处应有牢靠的立足处，并视具体情况，配置防护栏网、栏杆或其他安全设施。

安全防护设施的验收应按类别逐项查验，并做好验收记录。凡不符合规定者，必须修整合格后再查验。施工期间还应定期进行抽查。

2.4　实训操作

2.4.1　安全规章制度和安全标志

制定安全规章制度，划分安全区域，在各区域针对各种施工机械挂设安全操作规程。在不同区域的相关位置，正确使用、布置安全标语和标志牌。

2.4.2　安全防护的准备

做好"三宝、四口、五临边"的安全防护工作。

现场人员坚持使用"三宝"。进入现场人员必须戴安全帽并系紧帽带，穿胶底鞋，不得穿硬底鞋、高跟鞋、拖鞋或赤脚，高处作业必须系安全带。

做好"四口"的防护工作。在楼梯口、通道口、电梯口、预留洞口设置围栏、盖板、架网，正在施工的建筑物出入口和井字架、门式架进出料口，必须搭设符合要求的防护棚，并设置醒目的标志。

做好"五临边"的防护工作。五临边指阳台周边，屋面周边，楼层周边，跑道、斜道两侧边，卸料平台的外侧边。"五临边"必须设置 1.0m 以上的双层围栏或搭设安全网。

此外，在建筑四周及人员通道、机械设备、临近小区道路上方都应搭设安全防护棚。安全防护棚要满铺一层模板和一层安全网，侧面用钢筋网做防护栏板。高压电线线路侧面和上方采用竹竿和模板搭设隔离墙和防护棚。

2.4.3 安全隐患排查

安全隐患是指生产经营单位违反安全生产法律、法规、规章、标准、规程、安全生产管理制度的规定，或者其他在生产经营活动中存在的不安全因素，如物的不安全状态、人的不安全行为、生产环境的不良和生产工艺、管理上的缺陷。建筑施工中的安全隐患主要包括：高处坠落、物体打击、土方坍塌、起重吊装事故、用电安全、冬雨期施工安全、现场防火、防雷击等。

2.4.4 安全技术交底

工程开工前，应随同施工组织设计，向参加施工的全体人员进行安全技术措施的交底，使施工人员知道，在什么时候、什么作业应当采取哪些措施，并说明其重要性。每个单项工程开始前，必须重复交代单项工程的安全技术措施。

实行逐级安全技术交底制，开工前由技术负责人向施工人员进行交底，两个以上施工班组或工种配合施工时，要按工程进度、交叉作业进行安全交底，班组长每天要向工人进行施工要求、作业环境的安全交底，在下达施工任务时，必须填写安全技术交底记录。

2.5 总结评价

2.5.1 实训总结

参照表 2-1，对实训过程中出现的问题、原因以及解决方法进行分析，并与实训小组的同学讨论，将思考和讨论结果填入表中。

实训总结表 表 2-1

组号		小组成员		日期	
实训中的问题：					
问题的原因：					
问题解决方案：					
实训体会：					

2.5.2 成绩评定

针对每个学生在实训工作过程中的表现和每个小组的实训工作成果进行评价，采取学生个人自评、小组自评、小组互评及指导老师或专业师傅评价相结合的方式，参照表 2-2 进行实训成绩评定。

实训成绩评定表 表 2-2

考核内容		分值	个人自评	小组自评	小组互评	教师评价
素质	纪律、卫生、文明	10				
	语言表达能力及沟通能力	10				
	团队合作精神	10				
能力	对实训任务工作目标的理解	10				
	实训过程中的组织和管理	10				
	操作步骤清晰明了	10				
	操作动作的正确性	10				
知识	知识掌握的全面性	10				
	知识掌握的熟练程度	10				
	知识掌握的正确性	10				
合计		100				
成绩评定						

2.6 拓展内容：安全检查

安全检查是安全保障工作的基础。安全检查内容包括企业贯彻国家职业健康安全法律法规情况、安全生产情况、劳动条件、事故隐患等方面，检查目的是验证安全技术措施计划的实施效果。

2.6.1 安全检查的类型

（1）定期检查

定期对项目进行安全检查，分析不安全行为和隐患存在的部位和危险程度。一般施工企业每年检查 1~4 次；项目经理部每月检查 1 次；班组每周、每班次都应进行检查；专职安全技术人员的日常检查应该有计划，针对重点部位周期性检查。

（2）专业性检查

专业性检查是指针对特种作业、特种设备、特种场所进行的检查，如：电焊、气焊、起重设备、运输车辆、锅炉压力容器、易燃易爆场所等。

（3）季节性检查

季节性检查是指根据季节特点，为保障安全生产的特殊要求所进行的检查，如：春季风大，要着重防火、防爆；夏季高温多雨有雷电，要着重防暑降温、防汛、防雷击、防触电；冬季着重防寒、防冻；台风预警时的检查等。

（4）节假日前后的检查

节假日前后的检查是指针对节假日期间容易产生麻痹思想的特点而进行的安全检查，包括节日前进行安全生产综合检查，节日后要进行遵章守纪的检查等。

（5）不定期检查

不定期检查是指在工程开工和停工前、设备检修中，工程竣工及设备试运转时进行的安全检查。

2.6.2　安全检查的内容

（1）查思想

主要检查企业的领导和职工对安全生产工作的认识。

（2）查管理

主要检查工程的安全生产管理是否有效，其主要内容包括：安全生产责任制、安全技术措施计划、安全组织机构、安全保证措施、安全技术交底、安全教育、持证上岗、安全设施、安全标识、操作规程、违规行为、安全记录等。

（3）查隐患

主要检查作业现场是否符合安全生产、文明生产的要求。

（4）查整改

主要检查对过去提出问题的整改情况。

（5）查事故处理

对安全事故的处理应达到查明事故原因，明确责任并对责任者进行处理，明确和落实整改措施等要求，同时还应检查对伤亡事故是否做到了及时报告、认真调查、严肃处理。

安全检查的重点是违章指挥和违章作业。安全检查后应编制安全检查报告，说明已达标项目、未达标项目、存在的问题、原因分析以及纠正和预防措施。

2.6.3　安全检查的实施

项目经理部的安全检查工作主要由三个步骤组成。

（1）发现事故隐患

通过各种形式的安全检查查找事故隐患。常见的安全检查有：设置专职的安全员对施工现场进行安全检查；由项目经理不定期地组织相关人员对施工现场进行安全检查，同时对关键部位进行跟踪检查，并做好记录；除配合上级部门检查外，公司工程管理部每月对各施工项目进行全面检查等。

（2）整改通知

根据项目部检查出来的安全问题，发出《安全隐患整改通知单》，指明需整改的隐患要点，提出"三定"要求，即定执行人员、定整改期限、定整改措施，责成班组进行整改。《安全隐患整改通知单》一式二份，一份交施工队，一份留项目部保存。情况严重的安全问题要上报公司工程管理部备案。

根据公司工程管理部检查出来的安全问题，发出《安全隐患整改通知单》，指明需整改的隐患要点并提出"三定"要求，以便项目部进行整改。《安全隐患整改通知单》一式二份，一份交项目部，一份留公司工程管理部保存。

（3）检查整改情况

对于项目部检查出来的安全隐患，施工项目完成隐患整改后，由项目部组织人员进行复查，经复查整改合格后保存记录。若复查认为尚不合格，则再发出整改通知单，甚至停工整顿，施工队应继续整改，直至整改合格为止，同时对相关的责任人进行经济处罚。

对于公司工程管理部门检查出来的安全隐患，施工项目完成隐患整改后，由公司工程管理部组织人员进行复查，经复查整改合格后保存记录。若复查认为尚不合格，则再发出整改通知单，甚至停工整顿，项目部应继续整改，直至整改合格为止，同时对相关的责任人进行经济处罚。

2.6.4　安全检查注意事项

（1）安全检查要深入基层，紧紧依靠广大施工人员，坚持领导与群众相结合的原则，组织好检查工作。

（2）建立检查的组织领导机构，配备适当的检查力量，挑选具有较高技术业务水平的专业人员参加。

（3）做好检查的各项准备工作，包括思想、业务知识、法规政策、检查设备的准备。

（4）明确检查的目的和要求。既要严格要求，又要防止"一刀切"，要从实际出发，分清主要和次要矛盾。

（5）将自查与互查有机结合起来。基层以自检为主，企业内部各相应部门间互相检查，取长补短，相互学习和借鉴。

（6）坚持查改结合。检查不是目的，只是一种手段，整改才是最终目的。发现问题要及时采取切实有效的防范措施。

（7）建立检查档案。结合安全检查表，逐步建立健全检查档案，收集基本的数据，掌握基本安全状况，为及时消除隐患提供数据，同时也为以后的职业健康安全检查奠定基础。

（8）在制定安全检查表时，应根据用途和目的来确定安全检查表的种类。安全检查表的主要种类有：设计用安全检查表、施工企业安全检查表、项目部安全检查表、班组及岗位安全检查表、专业安全检查表等。

思　考　题

（1）施工现场有哪些方面的安全制度？

（2）简述安全检查的内容、方法、要求。

（3）安全隐患排查应考虑哪些方面？

（4）施工现场应悬挂哪些安全标志？

（5）施工现场应该有哪些安全防护措施？

（6）请选择以下安全警示标志应悬挂的场所位置。

安全警示标志牌示例：禁止吸烟、禁止烟火、禁带火种、禁止用水灭火、当心火灾、禁止通行、禁止外人入内、禁止跨越、禁止攀登、禁放易燃物、有人维修严禁合闸、注意安全、当心触电、当心机械伤人、当心伤手、当心吊物、当心扎脚、当心落物、当心坠落、当心塌方、当心滑跌、必须戴安全帽、必须系安全带、必须戴防护手套、必须穿防护鞋、安全通道。

　　1）＿＿＿＿＿＿＿＿＿牌挂设在木工制作场所

　　2）＿＿＿＿＿＿＿＿＿牌挂设在木料堆放场所

　　3）＿＿＿＿＿＿＿＿＿牌挂设在配电室内

4）＿＿＿＿＿＿＿＿＿牌挂设在井架吊篮下

5）＿＿＿＿＿＿＿＿＿牌挂设在油漆、柴油仓库

6）＿＿＿＿＿＿＿＿＿牌挂设在提升卷扬机地面钢丝绳旁

7）＿＿＿＿＿＿＿＿＿牌挂设在井架上、脚手架上

8）＿＿＿＿＿＿＿＿＿牌挂设在工地大门入口处

9）＿＿＿＿＿＿＿＿＿牌挂设在电焊、气割焊场所

10）＿＿＿＿＿＿＿＿牌在有人维修时挂在开关箱上

11）＿＿＿＿＿＿＿＿牌挂设在外脚手架上和高处作业处

12）＿＿＿＿＿＿＿＿牌挂在木料堆放场所和电气焊场所

13）＿＿＿＿＿＿＿＿牌挂在机械作业棚和配电室等处

14）＿＿＿＿＿＿＿＿牌挂在机械作业场所

15）＿＿＿＿＿＿＿＿牌挂设在木工机械场所

16）＿＿＿＿＿＿＿＿牌挂设在提升机作业区域内

17）＿＿＿＿＿＿＿＿牌挂设在模板作业区域内

18）＿＿＿＿＿＿＿＿牌挂设在地面外架周边区域内

19）＿＿＿＿＿＿＿＿牌挂设在高处作业的四口、五临边

20）＿＿＿＿＿＿＿＿牌挂设在外架斜道上和主要通道口

21）＿＿＿＿＿＿＿＿牌挂设在进入工地的大、小门口

22）＿＿＿＿＿＿＿＿牌挂在高空作业又没有可靠防护处

23）＿＿＿＿＿＿＿＿牌开挖土方时挂设在基坑临边

24）＿＿＿＿＿＿＿＿牌挂设在振捣混凝土场所

25）＿＿＿＿＿＿＿＿牌挂设在雨天易滑处

任务3 建筑定位放线

　　建筑物的定位就是在地面上确定拟建建筑物的位置，即根据设计图纸，将建筑物外廓的各轴线交点测设到地面上。建筑物的放线是指根据现场已测设好的建筑物定位点，详细测设其他各轴线交点的位置，并将轴线延长到安全的地方做好标志，然后以建筑物外墙轴线为依据，根据基础宽度和放坡要求向外丈量后，用白灰撒出基础开挖边线。定位放线为下一步的施工提供了基准和方向，整个过程的精确影响着后期施工的质量，故在测量放线的过程中一定要做到仔细、精确。图3-1为定位放线的照片。

图 3-1　定位放线

3.1　实训任务

　　根据提供的图纸，采用经纬仪、水准仪、钢卷尺等，对拟建的建筑物进行定位与放线，并作必要检核。本实训中，可以以实训现场周围的某栋既有建筑物为参照，也可以从实训现场附近的某个控制点引测。

3.2　实训目标

　　技能目标：能利用既有建筑物或测量控制点进行定位；具有建筑物定位方案设计、数据计算、测量实施与精度检核的能力；能根据定位进行放线，设置轴线控制桩；能利用已学测量知识独立思考并解决建筑施工放线中出现的问题。

　　知识目标：了解建筑定位放线的原理；了解计算定位放线需要的测设数据；掌握定位放线数据处理的方法；掌握设置轴线控制桩的方法。

　　情感目标：培养学生吃苦耐劳、爱护仪器用具、相互协作、一丝不苟的科学态度和职业精神。

3.3　实训准备

3.3.1　知识准备

　　阅读施工图纸，查阅教材及相关资料，解答表 3-1 中的问题，并填入相关参考资料名称，记录学习中所遇到的其他问题。根据实训分组，针对表中的问题分组进行讨论，取得共识，为完成实训任务打好基础。

问题讨论记录表　　　　　　　　　　　　　　　　　　　表 3-1

组　号		小组成员		日　期	
问　题		问题解答		参考资料	
1. 建筑物定位的目的是什么？需要确定哪几个点的坐标？					
2. 建筑物定位需要用哪些测量仪器？					
3. 如何保证建筑物定位放线正确可靠？					
4. 其他问题					

3.3.2　工艺准备

　　根据实训任务要求，写出建筑物定位方法，画出定位图，确定建筑物标高测设方案、建筑施工放线的基本步骤等。分组讨论后，确定小组测设方案，填入表 3-2。

测量放线工作方案　　　　　　　　　　　　　　　　表 3-2

组　号		小组成员		日期	
建筑物定位方法及定位图					
建筑标高测设方案					
建筑施工放线的基本步骤					
建筑定位放线的允许误差及复核方法					
人员分工及时间安排					

3.3.3　仪器及工具准备

各组依据测设方案编制仪器及工具清单。经指导老师检查核定后，方可借用或领取。表 3-3 为可供参考的实训所需仪器及工具。各组借领的仪器工具要进行登记。仪器工具运到实训现场后要再做清点。测量仪器应经过定期校验，否则其测量放样精度难以保证。

实训所需仪器及工具　　　　　　　　　　　　　　　　表 3-3

序号	名称	规格	单位	数量	经手人	备注
1	电子经纬仪	DJ$_6$	台	1	组长	组长负责领、收
2	自动安平水准仪	DS$_3$	台	1	组长	组长负责领、收
3	钢卷尺	50m	把	1	组长	组长负责领、收
4	塔尺	2m	把	1	组长	组长负责领、收
5	测杆	TR-1	支	2	组长	组长负责领、收
6	墨斗	自动卷线	个	1	组长	线长 15m
7	线坠	400g	个	1	组长	每组 1 个
8	铅笔	HB	根	1	组长	红蓝双色铅笔也可

此外，还要准备放样所需的零星辅助材料，如木桩 20 根、钢条 20 根、钢钉若干、铁锤 1 把，及用于做标记的油漆、毛笔等。

3.3.4 安全防护用品准备

各组依据实训方案编制安全防护用品计划表。经指导老师检查核定后，方可借用或领取。表 3-4 为可供参考的实训所需防护用品。防护用品借领时应严格检查，禁止使用不符合规范要求的防护用品。

安全防护用品计划表　　　　　　　　　　　　　　　　　表 3-4

序号	名称	规格	单位	数量	备注
1	防雨防晒伞	23 吋	把	1	组长负责领、收
2	作业交通提醒牌	自制	个	2	根据现场状况制作
3	安全帽	《安全帽》GB 2811—2007	顶	4	每人 1 顶

3.3.5 施工注意事项

（1）注意人身及仪器安全，做到人机一体。测量仪器架设好后，无关人员不得碰触。

（2）钢卷尺的使用要严格遵守"三不准"和"一保养"原则。"三不准"即一不准地上拖、水里滚；二不准人踩车辗；三不准弯扭、剪折。"一保养"即用后擦尽灰尘再涂油卷起封存、保管。

（3）应注意钢尺的零刻度位置，量取中间轴线的长度每次都要从整条轴线的端点开始，避免产生积累误差。用钢尺量距时两人应同时用力拉紧并使钢尺平直。

（4）注意成品保护措施，做好施工标记。

3.4 实训操作

教师根据学生编制的定位放样施工方案、测设工艺、仪器工具计划等，与学生一起讨论、纠正测设方案、工艺和计划中的不妥之处。学生应对方案和计划中的不足之处进行修改，并经师生共同确认后方可实施。测量前还应根据图纸计算各个特征点间的距离、高差等放样数据。测设过程中以"测设员 1 名"、"记录员 1 名"、"拉尺员 2 名"为工作角色，小组成员以"轮流角色扮演"的原则合作完成工作任务，共同达到学习目标。

3.4.1 建筑物的定位

本项目建筑物定位拟采用的测设方案如图 3-2 所示。新建建筑物在既有建筑物的西面，距离 50m，新建建筑物北轴线离既有建筑物北墙面 30m。测设步骤如下：

（1）如图 3-2 所示，用钢尺沿既有建筑物两端的南、北墙面延伸量出一小段距离 l 得 a、b 两点，在地面做出标志。a、b 两点一般选在便于测量操作的路面上。

（2）在 a 点安置经纬仪，对中整平后，瞄准 b 点，从 a 点沿 ab 方向量取 30m，定出 c 点，做标志；再继续沿 ab 方向从 c 点起量取 16.5m，定出 d 点，做标志，cd 线就是测设宿舍楼平面位置的建筑基线。复核 ad 两点之间的距离为 46.5m。

（3）移动经纬仪至 c 点，瞄准 b 点，逆时针方向测设水平角 90°，沿此视线方向量取距离 s 得 Q 点，接着在同一方向量取 27.3m，定出 N 点，做标志。

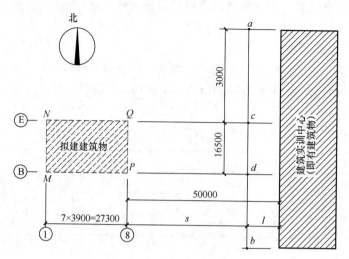

图 3-2　测设方案示意图

（4）移动经纬仪至 d 点，瞄准 b 点，逆时针方向测设水平角 90°，沿此视线方向量取距离 s 得 P 点，接着在同一方向量取距离 27.3m，定出 M 点，做标志。

（5）检查 PQ、MN 的距离是否等于 16.5m，其误差应在允许范围内。检查角 M 和角 N 是否等于 90°，其误差应在允许范围内。至此，M、N、Q、P 四点即为建筑物定位轴线的交点。

将测设数据填于表 3-5 中。

经纬仪测量记录表　　　　　　　　　　　　　　　　　　表 3-5

仪器组号		天气观测		班组		观测者		记录者	
测站	目标	竖盘	水平度盘读数		水平角值		边长		精度校核
		左							
		右							
		左							
		右							

3.4.2　建筑物的放样

本项目建筑物放样的测设步骤：

（1）使用墨斗弹出 MN、MP、PQ、NQ 四条轴线位置。

（2）从轴线位置向两侧各量取 120mm，定出外墙边线位置，弹线。

（3）根据图 1-2 建筑一层平面图中的轴线关系，量出其他各轴线位置，弹出各道墙的边线。

（4）小组相互检验放线结果。

因为本建筑的外轴线长度小于 30m，容许误差≤±5mm，所以差值若在 5mm 以内，精度合格。将建筑放样量测数据记录在表 3-6 中。

建筑放样记录表　　　　　　　　　　　　　　　　　　表 3-6

仪器组号		记录者		观测者		气温条件	
建筑放样							
工作过程			测设略图			检查检验	

3.4.3　墙体施工测量定位

为便于墙体砌筑施工过程中的测量，一般在混凝土基础或防潮层上进行墙体定位，即①复核控制桩的位置；②将轴线测设至基础或防潮层的侧面，如图 3-3 所示。

3.4.4　基础标高的检查

建筑物的高程应由已知某一个水准点，传递至拟建建筑物附近的某一点，作为施工高程控制依据。本实训项目基础施工已经结束，应检查基础顶面标高是

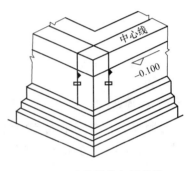

图 3-3　墙体轴线与标高线

否符合设计要求。可用水准仪测出基础顶面若干点（一般在墙轴线位置处）的实际高程，与设计高程比较，允许误差为±10mm。检查过程及结果填写在表 3-7 中。

基础标高检查表　　　　　　　　　　　　　　　　　　表 3-7

仪器组号	记录者	观测者	气温条件	
测点编号	设计标高（m）	实际标高（m）	高差（m）	水准点标高及编号

3.4.5　建筑物的轴线投测

结构施工测量除墙柱平面放线外，还有建筑物垂直度控制，主体标高控制，楼板、线条、构件的平整度控制等工作。通过测量放线不但能够为下一道工序提供依据，并且能及时发现上一道工序的遗留问题，避免了施工中问题的积累。

建筑物的轴线投测一般在砌二、三层后，用经纬仪按地面上轴线控制桩投测检查，如图 3-4 所示。

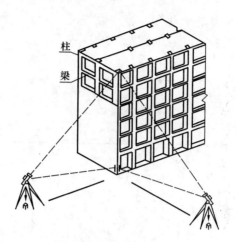

柱

梁

图 3-4　经纬仪测设轴线

3.5　总结评价

3.5.1　实训总结

参照表 3-8，对实训过程中出现的问题、原因以及解决方法进行分析，并与实训小组的同学讨论，将思考和讨论结果填入表中。

实训总结表　　　　　　　　　　　　　　　　表 3-8

组号		小组成员		日期	
实训中的问题：					
问题的原因：					
问题解决方案：					
实训体会：					

3.5.2　学生自我评价

根据定位放线过程中的表现和成果，进行小组互评，完成表 3-9。表 3-9 是由班级的其他小组为本组打分，各小组的评分合计后取平均值，作为本组成绩。

建筑物定位放线项目小组间互评成绩评定表　　　　　　　　　　表 3-9

实训班级：_____　实训小组：_____　评价日期：_____

序号	评价指标	分值	评价小组				
			第　组	第　组	第　组	第　组	第　组
1	测站点是否合理	10					
2	测量方案是否合理	10					
3	实训准备是否合理	10					
4	测量操作的速度	10					
5	测量操作步骤规范程度	20					
6	测设数据计算是否正确	20					
7	小组沟通协调是否畅通	10					
8	爱惜仪器、工具的程度	10					
	成绩合计	100					
	小组间互评的平均成绩						

根据定位放线的测量要求，小组学生对实习过程展开讨论，由学生和教师对小组成员成绩进行评定，完成表 3-10。

建筑物定位放线项目学生成绩评定表　　　　　　　　　　表 3-10

序号	评价指标	分值	小组成员				
1	学生自我评价	5					
2	出勤情况	10					
3	工作态度与积极性	10					
4	测量放线工作方案的讨论	10					
5	测量操作的速度	10					
6	测量操作的规范程度	15					
7	绘图计算能力	10					
8	测量记录表的质量	10					
9	与人合作与沟通协调能力	10					
10	爱惜仪器、工具的程度	10					
	成绩合计	100					
	小组内部评价的平均成绩						

3.5.3　成绩评定

针对每个学生在实训工作过程中的表现和每个小组的实训工作成果进行评价，采取学生个人自评、小组自评、小组互评及指导老师或专业师傅评价相结合的方式，参照表3-11

进行实训成绩评定。

实训成绩评定表

表 3-11

考核内容		分值	个人自评	小组自评	小组互评	教师评价
素质	纪律、卫生、文明	10				
	语言表达能力及沟通能力	10				
	团队合作精神	10				
能力	对实训任务工作目标的理解	10				
	实训过程中的组织和管理	10				
	操作步骤清晰明了	10				
	操作动作的正确性	10				
知识	知识掌握的全面性	10				
	知识掌握的熟练程度	10				
	知识掌握的正确性	10				
合计		100				
成绩评定						

思 考 题

（1）钢尺量距有哪些注意事项？

（2）简述安置经纬仪操作过程。

（3）简述定位放线的工作步骤。

（4）如何利用原建筑物、测量控制点进行定位？

（5）使用测量仪器有哪些注意事项？

任务 4 构造柱钢筋制作安装

构造柱是指在砌体房屋墙体的规定部位，一般是在纵横墙交汇处，按构造配筋并按先砌墙后浇筑混凝土的施工顺序制成的混凝土柱。构造柱与圈梁一起组成封闭的钢筋混凝土空间结构，使整个砌体结构房屋形成一个整体，提高了砌体结构房屋的整体性和稳定性。每一片墙体左右有构造柱约束，上下有圈梁约束，使墙体结构的抗剪能力和抗震性能得到明显提高。我国抗震规范规定，在抗震设防区，必须设置构造柱和圈梁，且设置的数量、位置、尺寸和配筋，要根据房屋的抗震等级、层数及墙体结构布置确定。构造柱虽然是按构造布置的，但却对提高砌体结构抗震性能起重要作用。图 4-1 为构造柱钢筋制作安装的图片。

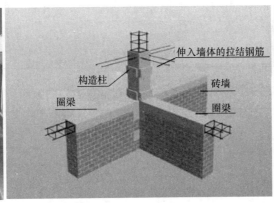

图 4-1 构造柱钢筋制作安装

4.1 实训任务

完成底层构造柱钢筋骨架绑扎安装任务。根据施工图进行钢筋的下料计算，根据下料单加工钢筋，现场安装形成钢筋骨架。

4.2 实训目标

技能目标：能进行构造柱钢筋下料计算，掌握构造柱钢筋下料单编制方法，并能进行钢筋下料制备；能完成构造柱钢筋绑扎安装，熟练进行构造柱与圈梁节点钢筋的穿插；熟悉构造柱钢筋工程检查验收内容，组织并参与构造柱配筋砌体工程质量检验。完成技术资料的填写。

知识目标：能正确查阅《砌体结构工程施工质量验收规范》GB 50203—2011、《砌体结构设计规范》GB 50003—2011、《建筑结构设计规范》GB 50011—2011 等相关规范；正确理解构造柱的构造要求，包括纵筋、箍筋、拉结筋的布设要求及作用；掌握构造柱钢筋连接位置、接头构造等规定或要求，熟悉构造柱钢筋骨架绑扎安装工艺；熟悉构造柱钢筋质量检验内容及要求。

情感目标：主动配合其他工种，安全文明组织施工，合理选择并节约材料，做好上下道工序协调。

4.3 实训准备

4.3.1 知识准备

阅读施工图纸，查阅教材及相关资料，解答表 4-1 中的问题，并填入相关参考资料名称，记录学习中所遇到的其他问题。根据实训分组，针对表中的问题分组进行讨论，为完成实训任务打好基础。

问题讨论记录表 表 4-1

组　号		小组成员		日期	
问　题		问题解答		参考资料	
1. 构造柱的作用是什么？					
2. 本工程构造柱布置在哪些部位？为什么要这样布置？					
3. 构造柱有哪些形式？本组需完成哪几个构造柱实训？					
4. 其他问题					

4.3.2　工艺准备

根据实训施工图纸，在表 4-2 中画出构造柱的截面配筋图、立面配筋图，拉结筋的形式及拉结筋竖向的布置图，讨论构造柱钢筋绑扎安装的步骤与方法，写出钢筋绑扎安装质量控制要点及质量检验方法，写出构造柱钢筋绑扎安装施工方案。

构造柱钢筋绑扎安装工作方案　　　　　　表 4-2

组　号		小组成员		日期	
画出构造柱截面配筋图、立面配筋图					
画出拉结筋的形式及竖向布置图					
构造柱钢筋绑扎安装的步骤					
质量控制要点及质量检验方法					
人员分工及时间安排					

4.3.3　材料准备

（1）构造柱内钢筋布置

构造柱内的钢筋有纵筋、箍筋、拉结筋。从水平截面来看，按照构造柱与墙体位置关系的不同，构造柱有如图 4-2 所示的四种配筋形式。从竖向来看，构造柱的纵筋在底层要

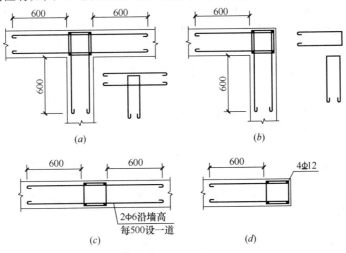

(a)　　　　　*(b)*

2Φ6沿墙高
每500设一道

(c)　　　　　4Φ12　*(d)*

图 4-2　构造柱的位置及配筋大样图

与基础插筋连接；在顶层则按边柱、中柱、角柱的不同位置，柱纵向钢筋锚固进入圈梁内。此外，构造柱每层上下端一定范围内箍筋要加密。箍筋加密区长度：底层柱根端不小于 $H_n/3$（其中，H_n 是指所在楼层的柱净高），其他柱端不小于 $H_n/6$ 和 500mm 中的较大值。同时，在柱纵向钢筋搭接范围内箍筋也应该加密。

下面以 GZ1 为例，即按如图 4-2 所示的构造柱配筋形式，进行钢筋用料计算。柱中配有 4 根 Φ12 的纵向钢筋，箍筋非加密区为 $\phi6@200$，加密区为 $\phi6@100$，墙与柱沿高度每隔 500mm 设 $2\phi6$ 水平拉结钢筋。

（2）纵向钢筋计算

每根构造柱需 4 根纵筋。假定基础插筋已经按钢筋搭接要求预留，采用搭接接头，连接区段内接头面积百分率为 50%，因此需分两次搭接钢筋。钢筋搭接长度 $L_{le}=55d=660mm$。本次实训中采用 6m 长的钢筋，建筑层高 3.3m，因此对于本层构造柱钢筋的实训项目，直接用 4 根钢筋即可。

（3）箍筋数量计算

先计算每根构造柱需要的箍筋数量。箍筋加密区间距 100mm，非加密区间距 200mm。底层层高 3.300m，圈梁高 240mm，柱净高（H_n）3.060m。按照规定，底层构造柱下端加密区段长度不小于 $H_n/3$，即 1020mm；其他柱端加密区段长度不小于 $H_n/6$ 和 500mm 中的较大值，即 510mm。

柱下端加密区箍筋数量：$\dfrac{1020}{100}+1=11.2$，需 12 只，柱下端箍筋加密区段为 1100mm

柱上端加密区箍筋数量：$\dfrac{510}{100}+1=6.1$，需 7 只，柱上端箍筋加密区段为 600mm

柱子非加密区箍筋数量：$\dfrac{3060-1100-600}{200}-1=5.8$，需 6 只

非加密区箍筋实际间距：$\dfrac{3060-1100-600}{6+1}=194mm$

因此每一根构造柱共需箍筋 $12+7+6=25$ 只。

（4）箍筋下料长度计算

箍筋尺寸如图 4-3 所示。其下料长度可按简化公式计算：

箍筋下料长度 $=(a+b)\times2+26.5d$

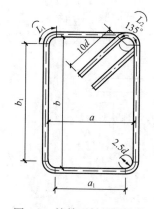

图 4-3 箍筋下料长度计算

其中：a、b 为箍筋内空尺寸。考虑混凝土保护层厚度为 25mm，箍筋钢筋直径 6mm，因此，$a=240-25\times2-6\times2=178mm$，$b=240-25\times2-6\times2=178mm$。

一只箍筋的下料长度 $=(178+178)\times2+26.5\times6=871mm$，取 870mm。

一根构造柱箍筋总长 $=870\times25=21750mm=21.75m$

（5）水平拉结筋层高方向布置

以 GZ1 为例，由于门洞的影响，在门洞上方和门洞范围内的墙段长度不一样，拉结筋的尺寸也不一样，如图 4-4 所示。

构造柱 GZ1 设置拉结筋的层数 $=\dfrac{拉结钢筋设置区域的长度}{拉结钢筋间距}-1$

$$=\frac{3300-240}{500}-1=5.12$$

即需放置 6 层拉结筋。若拉结筋在高度方向等间距布置，则拉结筋的实际平均间距为 $\frac{3300-240}{6+1}=437\mathrm{mm}$。

（6）水平拉结筋下料长度计算

构造柱与墙体连接的水平拉结筋共有 2 种形状，编号为③、④，如图 4-4 所示。

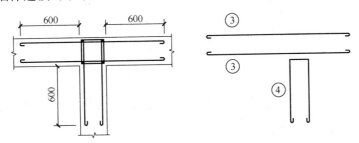

图 4-4 拉结筋下料长度计算

③ 号拉结筋为直钢筋，下料长度＝600＋600＋240＋6.25d×2＝1515mm

④ 号拉结筋为 U 形，单根钢筋下料长度＝600＋240×2＋120＋600－2d＋6.25d×2 ＝1863mm，取 1865mm

因此，门洞上方每层拉结筋总长度＝1865＋1515×2＝4895mm

因此，每层拉结筋总长度＝1865＋1515×2＝4895mm

每根构造柱的全部拉结筋总长度＝4895×6＝29370mm

（7）钢筋下料单编制

按长度×单位长质量可计算构造柱各类钢筋的质量。Φ12 钢筋每米长的质量为 0.888kg，φ6 钢筋每米长的质量为 0.222kg。构造柱 GZ1 钢筋下料单见表 4-3。

构造柱 GZ1 钢筋下料单 表 4-3

构件名称	钢筋名称	钢筋编号	规格	简图	单根下料长度（mm）	根数	总长（m）	重量（kg）
GZ1	纵筋	①	Φ12	250 ∟20750∣ 250	整根通长使用	4	85	75.48
	箍筋	②	φ6	178 / 178	870	25	21.75	4.83
	拉结筋	③	φ6	1440	1515	12	18.18	4.04
		④	φ6	840 / 120 / 840	1865	6	11.19	2.48

（8）实训材料计划表编制

各组根据各自的实训任务，确定所需的材料和数量。假设任务是 2 个 GZ1，则材料计划见表 4-4。由实训指导老师检查结果并评定以后，方可以到材料库领取材料。领取的材料应严格检查，禁止使用不符合规范要求的材料。

材料计划表   表 4-4

材料名称	型　号	单位	规格数量	备注
纵筋	HRB400，直径 12mm	kg	150.62	进场验收，具备整套质量合格证明文件
箍筋	HPB300，直径 6mm	kg	9.66	
拉结筋	HPB300，直径 6mm	kg	13.04	
铁丝	20 号或 22 号，长 150~250mm	把	若干	扎制成把
预制垫块	水泥砂浆，30mm×30mm×25mm	块	若干	根据保护层厚度选用

4.3.4 设备、工具及防护用品准备

各组按照施工要求编制实训所需设备、工具及安全防护用品计划表，见表 4-5。经指导老师检查核定后，方可领取工具及物品。各组均要对领取的物品进行登记，经手人需签名。工具搬运到实训现场，应再做清点。领取的工具及防护用品应经过严格检查，禁止使用不符合规范要求的设备、工具及防护用品。

设备、工具及安全防护用品计划   表 4-5

序号	名称	规格	单位	数量	备注
1	钢筋调直机	GT4-14 型	台	1	各小组公用
2	钢筋切断机	GW40 型	台	1	
3	钢筋弯曲机	GW40 型	台	1	
4	钢筋切断钳	SC-16	把	1	每组 1 把，切断小直径钢筋
5	钢筋加工工作台	1.2m×3m	台	1	每组 1 台
6	扳手	8 吋	把	2	每组 2 把
7	小锤	0.5kg	把	2	每组 2 把
8	钢丝刷	铁皮底座	把	1	根据钢筋锈蚀情况使用
9	麻袋布	片状	片	若干	根据钢筋锈蚀情况使用
10	钢筋三脚架	1.2m 高	个	4	每组 4 个
11	钢筋钩	不锈钢实心	把	4	每组 4 把
12	计算器	具有科学函数功能	只	1	每人 1 只
13	石笔	100mm 长	块	1	每组 1 块
14	安全帽	《安全帽》GB 2811—2007	顶	1	每人 1 顶
15	手套	《针织民用手套》FZ/T 73047—2013	付	1	每人 1 付

4.3.5　施工注意事项

（1）实训开始前必须进行技术交底和安全交底。

（2）实训过程中，小组成员分工明确，将具体的实训工作内容落实到每个人，以防出现闲散怠工现象。

（3）加强施工过程中的材料管理，翻样、下料要按照规范要求计算，按照计算结果下料，做到精确无误，杜绝浪费。

（4）爱惜工具、机械，每天实训结束都要清理、归位，定期做好保养与维护。

（5）构造柱拉结筋要根据设计规范进行防腐处理。

（6）马牙槎按先退后进留设，并注意控制其垂直度。

（7）操作人员必须佩戴手套、安全帽进行操作。

（8）一道工序完成后，经过自检和评定合格后，才能进行下一道工序施工。

4.4　实训操作

教师根据学生编制的钢筋绑扎安装施工方案、材料计划表、工具计划表等，与学生一起分析讨论，帮助学生纠正施工方案和计划表中的不妥之处。学生应对方案和计划中的不足之处进行修改，在确认后方可实施。

带构造柱砌体结构的施工流程一般为：在钢筋操作区架立纵向钢筋→套箍筋，用粉笔配合卷尺画箍筋间距线→绑扎箍筋→插入另外两根纵向钢筋→绑扎箍筋→移至现场构造柱位置就位→套入加密区箍筋→进行纵向钢筋搭接绑扎→画箍筋间距线绑扎箍筋→安放垫块（上述工作均由钢筋工完成）→砌筑工进行排砖砌筑，在砌筑过程中，按照先退后进的原则留设马牙槎，并沿高度方向每隔 500mm 铺设拉结筋→模板工按照构造柱尺寸及位置支模→混凝土工浇筑混凝土→混凝土养护，完成构造柱施工。

其中，钢筋绑扎应符合以下要求：

1）钢筋的交叉点应采用铁丝扎牢，一般用 22 号铁丝双股绑扎。

2）箍筋应与受力钢筋垂直设置，其交叉点必须全部扎牢；箍筋弯钩叠合处不能都在同一个柱角，应在四个柱角错开设置。

3）绑扎接头中钢筋的横向净距应不小于钢筋直径，且不应小于 25mm。

4）受力钢筋的混凝土保护层，不应小于受力钢筋直径，依据规范要求，构造柱钢筋的混凝土保护层厚度为 25mm。

4.5　总结评价

4.5.1　实训总结

参照表 4-6，对实训过程中出现的问题、原因以及解决方法进行分析，并与实训小组的同学讨论，将思考和讨论结果填入表中。

实训总结表					表 4-6

组号		小组成员		日期	
实训中的问题:					
问题的原因:					
问题解决方案:					
实训体会:					

4.5.2 成果检验

构造柱钢筋的验收与评价应确保构造柱纵筋、墙体拉结筋、箍筋的品种、规格、数量及设置部位符合设计要求。

（1）预留拉结筋的规格、尺寸、数量及位置应正确，拉结钢筋应沿墙高每隔 500mm 设 2φ6，伸入墙内 1000mm，钢筋的竖向移位不应超过 100mm，且竖向移位每一构造柱不得超过 2 处。

（2）施工中不得任意弯折拉结钢筋，每个检验批抽查不得少于 5 处，验收方法为观察检查和尺量检查。

（3）纵向钢筋的连接方式、锚固长度及搭接长度应符合设计要求，确定每个检验批抽查不得少于 5 处，进行观察检查。

构造柱的纵筋、墙体拉结筋、箍筋加工小组自检表见表 4-7，小组间互检表见表 4-8。构造柱钢筋绑扎安装小组自检表见表 4-9，小组互检表见表 4-10。

构造柱钢筋加工小组自检表　　　　　　　　　　表 4-7

实训项目		实训时间		实训地点	
姓名				指导教师	
	评价内容			分值	得分
知识要点	钢筋下料长度允许偏差			15	
	构造柱纵筋、墙拉结筋加工的形状、尺寸			10	
	箍筋加工的形状、尺寸、弯钩角度、平直段长度			15	
操作要点	记录所需工具			10	
	纵筋、拉结筋加工步骤			15	
	箍筋加工步骤			15	
操作心得				20	
考核员		考核日期		总分	100

构造柱钢筋加工小组互检表　　　　　　　　　　表 4-8

实训项目		实训时间		实训地点		
姓名				指导教师		
序号	检验内容		检验要求	检验方法	验收记录	分值	得分
1	工作程序		正确的加工程序	观察		10	
2	钢筋切断		切断位置符合要求	检查		10	
3	拉结筋、箍筋弯钩	弯钩角度	180°/135°	检查		10	
		弯弧内径	不应小于 4d，且不应小于受力钢筋直径	量测		10	
		弯后平直段长度	不应小于 10d	检查		10	
4	箍筋内径尺寸		偏差不大于 ±5mm	钢尺检查		10	
5	平整度		不扭曲	检查		10	
6	安全施工		安全意识强	巡视		5	
7	文明施工		活完场清	巡视		5	
8	施工进度		按时完成	巡视		10	
9	工作态度		团结守纪	巡视		10	
考核员			考核日期			总分	100

构造柱钢筋安装小组自检表

表 4-9

实训项目		实训时间		实训地点	
姓名				指导教师	
评价内容				分值	得分
知识要点	绑扎搭接长度			10	
	纵筋箍筋排距与间距			10	
	钢筋接头位置长度及处理方式			10	
操作要点	钢筋绑扎工具及手法			15	
	钢筋接头现场绑扎			20	
	钢筋骨架安装工艺			15	
操作心得				20	
考核员		考核日期		总分	100

构造柱钢筋安装小组互检表

表 4-10

实训项目			实训时间		实训地点		
姓名					指导教师		
序号	检验内容	检验要求	检验方法	验收记录		分值	得分
1	工作程序	正确	观察			10	
2	搭接接头绑扎	方法正确	检查			10	
3	顺扣法	方法正确	检查			10	
4	兜扣法	方法正确	检查			10	
5	钢筋骨架长尺寸偏差	±10mm	钢尺检查			10	
6	钢筋骨架宽、高尺寸偏差	±5mm	钢尺检查			10	
7	保护层厚度	±5mm	钢尺检查			10	
8	安全施工	安全意识强	巡视			5	
9	文明施工	活完场清	巡视			5	
10	施工进度	按时完成	巡视			10	
11	工作态度	团结守纪	巡视			10	
考核员		考核日期			总分	100	

4.5.3 成绩评定

针对每个学生在实训工作过程中的表现和每个小组的实训工作成果进行评价，采取学生个人自评、小组自评、小组互评及指导老师或专业师傅评价相结合的方式，参照表 4-

11 进行实训成绩评定。

实训成绩评定表　　　　　　　　　　　　　　　　　　　　　　表 4-11

考核内容		分值	个人自评	小组自评	小组互评	教师评价
素质	纪律、卫生、文明	10				
	语言表达能力及沟通能力	10				
	团队合作精神	10				
能力	对实训任务工作目标的理解	10				
	实训过程中的组织和管理	10				
	操作步骤清晰明了	10				
	操作动作的正确性	10				
知识	知识掌握的全面性	10				
	知识掌握的熟练程度	10				
	知识掌握的正确性	10				
合计		100				
成绩评定						

思　考　题

（1）构造柱的作用是什么？一般设置在哪些位置？

（2）砌体结构中构造柱的构造要求是什么？

（3）构造柱纵筋、箍筋、拉结筋应该如何计算？

（4）砌体结构中，构造柱与圈梁的穿插节点应该如何处理？

（5）构造柱纵向钢筋的搭接与锚固有哪些规定？

任务5 墙体内预埋件制备安装

预埋件就是预先埋设在结构内的部件，以避免在结构施工结束后开凿，方便后续工序或其他工种施工。墙体砌筑时安装在墙体内的预埋件主要有安装门框窗框的木砖，安装配电箱的木盒或铁盒，安装电源插座开关的接线盒，空调管穿墙的套管及要求埋在墙内的电线管。墙体内有时也要求对给水排水管路、消防管路和空调冷凝水管等套管进行预埋施工。各类预埋件应按结构施工图、建筑施工图及相关设备施工图的要求购置、加工、埋置。图5-1为预埋件的照片。

图5-1 预埋接线盒及配电箱

5.1 实训任务

（1）阅读图纸，统计预埋件、预留孔洞、水电预埋管线、盒（槽）的数量及位置。
（2）组织电气安装前期预埋预留技术交底。
（3）预埋件及管线制备，包括电气接线盒预制、模板钻孔、焊支架、线盒安装固定、管路敷设、封口保护。
（4）在墙体砌筑过程中，根据施工进度进行预埋件安装、预埋管敷设及孔洞预留。

5.2 实训目标

技能目标：具有识读水、电施工图的能力；具有正确使用工具、设备进行预埋件及管线的制作、安装等能力；能进行检验并正确填写相关资料。

知识目标：了解预埋件、预埋管的作用；通过读图，确定预埋件、预埋管的位置、数量、形状、尺寸；掌握预埋件及预埋管线的制作、安装要求及施工工艺。

情感目标：培养学生诚恳、虚心、勤奋好学的学习态度和科学严谨、实事求是、爱岗敬业的工作作风及团队意识；培养学生良好的职业道德、公共道德和吃苦耐劳、勇于探索、不断创新的精神。

5.3　实训准备

5.3.1　知识准备

阅读施工图纸，查阅教材及相关资料，解答表 5-1 中的问题，并填入相关参考资料名称，记录学习中所遇到的其他问题。根据实训分组，针对表中的问题分组进行讨论，为完成实训任务打好基础。

问题讨论记录表

表 5-1

组　号		小组成员		日期	
问　　题		问题解答		参考资料	
1. 预埋管和接线盒的材料应具备哪些物理力学性能？					
2. 电气接线盒和配电箱凸出砌筑墙面的尺寸如何确定？					
3. 建筑物的防雷接地网是如何形成的？					
4. 其他问题					

5.3.2　工艺准备

根据实训施工图纸，在表 5-2 中画出墙体内预埋件布置简图，讨论建筑施工过程中预埋件安装与土建施工之间的关系，描述预埋件制备及安装的步骤与方法，写出预埋件安装质量控制要点及质量检验方法，写出预埋件安装工作方案。

墙体内预埋件及管线预留预埋工作方案

表 5-2

组号		小组成员		日期	
画出墙体内预埋件布置简图，说明各个预埋件的作用					
建筑施工过程中预埋件安装与土建施工之间的关系					
预埋件制备及安装的步骤与方法					
质量控制要点及质量检验方法					
人员分工及时间安排					

5.3.3 材料准备

建筑电工用无增塑刚性阻燃 PVC 管，要求抗压、抗冲击性能好；管材柔韧性好，弯折时不易断裂，回弹性好。管材及其配件在进场时应进行检查。PVC 管实测其壁厚应均匀，无变形和气泡裂缝等，接线盒应光洁平整，开孔齐全。管材和接线盒应有清晰的生产商名称和商标、规格型号、执行标准号。导管、接线盒、接头套管、锁母、胶水等宜采用同一厂家的配套产品。接线盒敲落孔距盒口的高度应与其使用场所的钢筋与模板距离相匹配。接头套管和锁母的内径应与导管的外径配合紧密。

施工前应对每一层所需的各种材料、预制件按照施工详图进行统计，填写材料计划表，便于材料供应和实行限额领用。查阅电气施工图，墙体内的预埋盒有：入户门后有强电配电箱和弱电配电箱各 1 只；入户门门口有顶灯开关，卫生间门口有顶灯开关，阳台门口有顶灯开关；横墙墙面每边均有 2 个电源插座、2 个网线插座，阳台门两侧各有 1 个电源插座。

各组根据各自的实训任务，确定所需的材料和数量，编写材料计划表，见表 5-3。由实训指导老师检查结果并评定以后，方可以到材料库领取材料。领取的材料应严格检查，禁止使用不符合规范要求的材料。

材料计划表　　　　　　　　　　　　　　　　　表 5-3

序号	材料名称	规格品种	单位	数量	备注
1	弱电配电箱	300mm×400mm×120mm	只	1	在师傅指导下使用
2	强电配电箱	400mm×200mm×150mm	只	1	在师傅指导下使用
3	接线盒	48mm×27mm×14mm	只	8	组长领、收
4	接头套管	1 吋	只	8	组长领、收
5	锁母	φ16	只	8	组长领、收
6	PVC 导管	φ16	m	10	组长领、收
7	胶水	PVC 快干型	罐	1	组长领、收

5.3.4 工具及防护用品准备

各组按照施工要求编制实训所需工具及安全防护用品计划表，见表 5-4。经指导老师检查核定计划表后，方可领取工具及物品。各组均要对领取的物品进行登记，经手人须签名。工具搬运到实训现场，应再作清点。领取的工具及防护用品应经过严格检查，禁止使用不符合规范要求的工具及防护用品。

工具及安全防护用品计划表　　　　　　　　　　　表 5-4

序号	名称	规格	单位	数量	备注
1	手电钻	16.8V 塑箱	台	2	在师傅指导下使用
2	开孔器	30mm	台	1	在师傅指导下使用
3	切割机	3kW J3 G6-400	台	1	在师傅指导下使用
4	锯条	多功能手工锯	盒	1	每组 1 盒
5	钳子	断线钳	把	1	每组 1 把
6	卷尺	5m	把	1	每组 1 把
7	水平尺	1.2m	把	1	每组 1 把
8	安全帽	《安全帽》GB 2811—2007	顶	1	每人 1 顶
9	手套	《针织民用手套》FZ/T 73047—2013	付	1	每人 1 付

此外，还要准备施工所需的零星辅助材料，如钢钉若干、铁锤 1 把、线坠及用于标记的毛笔、红铅笔等。

5.3.5　施工注意事项

（1）在结构施工阶段配合水电预埋时应防止钉子扎脚；临边作业时不能踩空。

（2）作业面应随时清理干净，废弃物和余料应清运至指定堆放地点。

（3）所有进场的管材应具备材料出厂合格证及进场验收记录。

（4）套管在安装时要加以保护、封堵，防止灰浆污染管道。

（5）密切关注土建专业的墙体砌筑进度，及时安排水电预留预埋施工。

5.4　实训操作

教师根据学生编制的预埋件安装施工方案、材料计划表、工具计划表等，与学生一起分析讨论，帮助学生纠正安装方案、制备工艺和计划中的不妥之处。学生应对方案和计划中的不足之处进行修改，经确认后方可施工。

在墙体砌筑前，先要弄清楚预埋件、预埋管线等的要求，以避免二次开凿。要认真查阅结构施工图、建筑施工图及电气、给水排水、暖通等专业施工图，了解电气接线盒、配电箱、安装支架及给水排水管路、消防管路、空调冷凝水管等套管安装的孔洞预留洞口尺寸、套管规格等符合要求，其平面位置、标高应正确无误。各类固定件应按结构施工图要求购置和加工。加工后的固定件应平直，无明显扭曲，切口应无卷边、毛刺。管线安装主要是根据结构施工图对图纸中的给水排水管路、消防管路和空调冷凝水管等套管进行施工。管道应选择无堵塞、沙眼、裂缝或凹扁的管子，壁内无毛刺。

预埋件安装的工艺流程为：接线盒、管段预制→测量放线定位→线盒固定→管路敷设→封口保护。各项工作的施工要求详见表 5-5。

预埋件及管线预留预埋工艺计划表　　　　　　　　　　表 5-5

序号	工艺过程	施工要求
1	材料进场验收	进场导管、接线盒等应有合格证、出厂检测报告和进场复检报告
2	预埋件制作、备用	按结构施工图和规范要求制备预埋件、接线盒、预埋管线
3	测量放线定位	必须严格按施工图纸和规范来定位
4	线盒固定	接线盒预埋位置必须准确、整齐
5	钻孔、管路敷设	钻孔前必须按建施图、结施图确定砖墙的准确位置，保证钻孔在砖墙范围内，管路应严格按设计布管，沿最近的方向敷设
6	封口保护	封堵严密，防止杂物进入管内

5.4.1　预埋件安装技术交底

土建的结构体是管线安装的根基，施工之前应仔细核对建施图和结施图的尺寸关系，如有不清楚的地方或发现问题应及时解决。施工前技术人员应综合考虑土建、电气、设备等各个系统，绘制有各种电气接线盒准确定位尺寸的施工详图，并与土建施工人员就电气安装前期预留预埋要求进行技术交底，填写技术交底记录，见表 5-6。

技 术 交 底			表 5-6
施工小组名称		单位工程名称	
施 工 部 位		施 工 内 容	
技术 交底 内容	电气安装前期预留预埋		
交底人签名		接受交底人签名		交底时间		年 月 日

5.4.2 预埋件制备

（1）PVC管加工制作

1）PVC管的切断

配管前应根据每段所需的长度进行切断。可采用钢锯条锯断、专用剪管刀剪断，在预制时还可使用砂轮切割机成捆切断，切口应垂直，切口的毛刺应及时清理干净。

2）PVC管的弯制

将弯簧插入管内需要弯曲处，两手分别握住弯曲处弯簧两端，膝盖顶住被弯曲处略微移动，双手均匀用力，弯至比所需角度略小，待松手后弯管回弹，便可获得所需角度。

3）PVC管的连接

PVC管一般采用套管连接，连接管管端约1~2倍外径长的地方必须清理干净，然后涂胶水，插入套管内至套管中心处，两根管对口紧密，保持一段时间等待胶水固化，使之粘接牢固。套管可采用成品套管接头，也可采用大一号的PVC管加工。自制套管时将大号PVC管按被连接管的3~4倍外径长切断。用作套管的PVC管的内径应当与被连接管的外径接触紧密无缝隙。

（2）接线盒的预制

根据不同的进管方位，开关盒、插座盒、灯位盒可分为：直叉、曲叉、三叉、四叉。分类统计每施工段所需的接线盒数量，在预埋之前进行预制。预制时按所需的方位敲开敲落孔，装上锁母，各锁母口分别用纸封塞，制成各种类型，供预埋时使用。

（3）弯管的预制

普通插座的安装高度为楼板地面上0.3m，对从楼板弯起至插座的弯管，也可按固定长度进行预先弯制。

（4）直管段的预制

灯开关盒的安装高度为1.1m，对从开关盒引至上层楼板的预埋管，可将整管按其长度切割成短管。

（5）泡沫的预制

由于在混凝土浇筑过程中受到冲击，墙体中接线盒的高度会被压低，因此，可采取二次预埋的方法。先在接线盒位置通过埋一块略大的泡沫来留洞，拆模后再来安装接线盒。该泡沫可按 120mm×200mm（宽×高）的尺寸预制，泡沫用塑料胶带包扎防止破损。

（6）木箱的预制

预埋配电箱洞用的木箱应提前预制，并钻好进管的洞口。

5.4.3 预埋件安装

（1）放线定位

开关、插座、灯位盒必须严格按施工图纸和规范来定位。开关插座的测量定位分为三个方面：平面位置、高度、与墙面凹凸距离。按各种器具设计高度安装其接线盒。对于墙上的线盒，以土建墙面上离楼地面 500mm 为基准来测量，同时各接线盒之间用水平管复测标高是否一致。接线盒的平面位置必须以轴线为基准来测定，用土建墙线来复核。

开关盒的平面位置的确定方法如下：

①如果在设计图上没有明确标注具体尺寸，则门边的开关一般应在开门的一侧，开关盒与门洞边净距 150mm（如加上门框则为 200mm），如图 5-2 所示。

②如果门垛窄于 370mm，则开关设在转角的另一面墙上，开关盒边距转角 200mm。

③如果墙垛宽 370～600mm，则开关设在墙垛中心线上。

④如果开关在阳角处，则距阳角线 200mm，如图 5-2 所示。

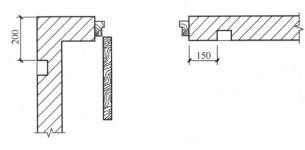

图 5-2 开关盒安装位置（mm）

（2）安装接线盒

为了达到优良的观感，接线盒预埋位置必须准确整齐。开关插座盒必须按测定的位置安装固定，上下左右都用钢筋夹住，焊在竖向钢筋上。然后吊线测量盒口与墙面的凹凸距离，调整线盒与墙面平齐后，用扎丝捆住。

（3）管线敷设

一般管路应严格按设计布管，沿最近的方向敷设，使走向顺直减少弯曲。但是板内严禁三层管交叉重叠；平行的两根 PVC 管净距应大于 50mm；板内 PVC 管之间的交叉角必须大于 45°；同一根 PVC 管与另两根交叉的间距必须大于 20d。如果按直线布管不能满足上述要求，则布管宜适当绕行。下列情况之一应在中间加 1 个过线盒：①管路无弯曲，管长每超过 30m；②管路有 1 个弯曲，管长每超过 20mm；③管路有 2 个弯曲，管长每超过 15m；④管路有 3 个弯曲，管长每超过 8m。PVC 管路固定点的间距为不大于 1m，距端头、弯曲中点不大于 0.5m。

5.5 总结评价

5.5.1 实训总结

参照表 5-7，对实训过程中出现的问题、原因以及解决方法进行分析，并与实训小组的同学讨论，将思考和讨论结果填入表中。

实训总结表

表 5-7

组号		小组成员		日期	

实训中的问题：

问题的原因：

问题解决方案：

实训体会：

5.5.2　成果检验

预埋件及管线安装应满足以下质量要求：

（1）管路敷设连接紧密，管切断时断口光滑，保护层大于 15mm，箱盒设置正确，固定可靠，管进箱盒处顺直，管在箱盒内露出的长度应小于 5mm。

（2）暗配管的弯曲半径不应小于管外径的 10 倍；弯曲处不应有折皱、凹陷和裂缝。

（3）线盒不得凸出墙面，凹进墙面不得大于 5mm。同一室内的开关插座盒，高差不得大于 5mm；同一面墙上并列的开关插座盒，高差不得大于 1mm。

预埋件及管线预留预埋自检表见表 5-8。

预埋件及管线预留预埋自检表

表 5-8

实训项目		实训时间		实训地点		
姓名				指导教师		
	评价内容				分值	得分
知识要点	预埋件及管线所用材料检查				10	
	预埋件及管线制作				10	
	预埋件及管线安装				10	
操作要点	预埋件及管线按图下料				10	
	预埋件及管线制作程序及质量要求				15	
	预埋件及管线连接				10	
	预埋件及管线安装位置、标高				15	
操作心得					20	
考核员		考核日期		总分	100	

5.5.3　成绩评定

学生自检和互检后，由指导老师及专业师傅针对每个学生在实训工作过程中的表现，按表5-9给出综合评价。

预埋件及管线预留预埋实训成绩评定表　　　　表 5-9

实训项目		实训时间		实训地点		
姓名				指导教师		
序号	检验内容	检验要求	检验方法	验收记录	分值	得分
1	预埋件外观	无鳞锈、锈皮、油漆、油渍，符合设计要求	观察		5	
2	预埋件规格数量	符合设计要求	检查		5	
3	预埋件的畅通性	无堵塞现象	检查		10	
4	预埋管的连接	连接方法符合设计要求，连接牢固，不得漏气、漏水	检查		15	
5	预埋件埋设高程、位置	符合设计要求	检查		15	
6	预埋件埋设深度和外露长度	符合设计要求	检查		15	
7	安全施工	安全意识强	巡视		10	
8	文明施工	活完场清	巡视		10	
9	施工进度	按时完成	巡视		10	
10	工作态度	团结守纪	巡视		5	
考核员			考核日期		总分	100	

思　考　题

（1）给水排水管路、消防管路、空调冷凝水管等套管安装和孔洞预留的作业条件有哪些？

（2）电气管线敷设时有哪些要求？

（3）简述 PVC 管加工制作的步骤。

（4）施工时放线定位的依据是什么？

（5）在预埋件制备安装施工过程中有哪些注意事项？

任务6 墙 体 砌 筑

砌体结构中的墙体分承重墙和非承重墙。承重墙是指支撑着上部楼层传递下来的荷载的墙体，把上部楼层上的荷载传至基础。非承重墙一般只起到分隔房屋空间或围护的作用，每一层的非承重墙墙体自重均通过墙下的楼板或梁传给承重墙，而不会传给下一层的非承重墙。承重墙在整个建筑结构中的作用相当于人体的骨骼，其墙体的厚度和宽度要经过计算确定并符合抗震构造要求，施工不当将影响整个结构的安全。非承重墙一般采用较薄的墙体或轻质隔墙，一般在主体结构施工完成后再进行二次施工，拆除后对结构受力不会有太大影响。

无论是承重墙还是非承重墙，在砌筑过程中均应做到横平竖直、灰浆饱满、错缝搭接、接槎可靠，保证墙体砌筑的质量符合规范要求。图 6-1 为墙体砌筑的照片。

图 6-1 墙体砌筑

6.1 实训任务

完成实训项目中的墙体砌筑任务。砌筑采用烧结黏土砖和石灰膏砂浆。砌筑中要注意墙体构造要求，注意墙体留槎与接槎，构造柱马牙槎的留设等。砌筑过程要有完整的技术资料，砌筑质量应符合《砌体结构工程施工质量验收规范》GB 50203—2011 的要求。

6.2 实训目标

技能目标：能识读结构施工图；能进行砌筑材料用量计算统计；能正确进行墙体砌

筑；能进行砌筑施工组织和现场管理；能完成相关技术资料整理。

知识目标：掌握常用砌体材料类型及其特点；掌握墙体砌筑的施工工艺和操作流程；了解施工规范要求，掌握砌筑施工质量验收标准和质量检验方法。

情感目标：培养学生认真负责的职业道德、主动学习探究和团结协作的精神。

6.3 实训准备

实际工程中墙体砌筑所涉及的建筑材料有水泥、黄沙、石灰掺和料等。为使实训结束后墙体砌筑材料能重复使用，本任务中不使用水泥砂浆和石灰，而以石膏代替。

6.3.1 知识准备

阅读施工图纸，查阅教材及相关资料，解答表 6-1 中的问题，并填入相关参考资料名称，记录学习中所遇到的其他问题。根据实训分组，针对表中的问题分组进行讨论，为完成实训任务打好基础。

问题讨论记录表　　　　　　　　　　表 6-1

组 号		小组成员		日期	
问　题		问题解答		参考资料	
1. 本组实训需要砌筑哪几道墙？分别采用什么组砌方式？					
2. 砌筑马牙槎有哪些注意事项？					
3. 拉结筋的作用是什么？拉结筋布置有哪些要求？					
4. 其他问题					

6.3.2 工艺准备

根据实训施工图纸，在表 6-2 中画出砌筑墙体的截面图、马牙槎立面图，描述墙体砌筑的组砌形式，承重墙与非承重墙交接处接槎的砌筑方案，写出墙体砌筑质量控制要点及质量检验方法，写出墙体砌筑施工方案。

墙体砌筑工作方案 表 6-2

组 号		小组成员		日 期	
砌筑墙体的截面图、马牙槎立面图					
墙体砌筑的组砌形式					
承重墙与非承重墙交接处接槎的砌筑方案					
质量控制要点及质量检验方法					
人员分工及时间安排					

6.3.3 承重墙材料准备

(1) 墙体高度、长度计算原则

①外墙高度：斜（坡）屋面无檐口顶棚者算至屋面板底。有屋架且室内外均有顶棚者，其高度算至屋架下弦底另加 200mm；无顶棚者算至屋架下弦底另加 300mm；出檐宽度超过 600mm 时，按实砌高度计算；平屋面算至钢筋混凝土板顶。山墙高度按其平均高度计算。女儿墙高度自外墙顶面算至混凝土压顶底。

②外墙长度按设计外墙中心线长度计算。

③内墙高度：位于屋架下弦者，其高度算至屋架底；无屋架者算至顶棚底另加 100mm；有钢筋混凝土楼板隔层者，算至楼板底。

④内墙长度按设计墙间净长线计算。

计算墙体时，应扣除门窗洞口、嵌入墙身的钢筋混凝土柱、梁（包括过梁、圈梁、挑梁）、砖石璇、砖过梁、暖气包壁龛的体积；不扣除梁头、外墙板头、檩头、垫木、木砖、门窗走头、墙内的加固钢筋、木筋、铁件、钢管及每个面积在 0.3m² 以内的孔洞等所占体积；突出墙面的窗台虎头砖、压顶线、山墙泛水、烟囱根、门窗套及三皮砖以内的腰线和挑檐等体积也不增加。墙垛、三皮砖以上的腰线和挑檐等体积，并入墙身体积内计算。

(2) 每实训单元承重墙墙体面积

根据图 1-2 的建筑一层平面图，以一间（基础顶面至一层楼面）为例计算砌筑材料用量。

以图纸上Ⓑ轴和Ⓒ轴线上一个开间纵墙的砌筑为例，±0.000 至一层楼面（楼面与圈梁为同一顶面，因此墙体砌筑至圈梁下即可）。

Ⓑ轴上该段墙体面积

$$(3.3-0.24) \times (3.9-0.24-0.06) - 1.8 \times (2.7+0.18)$$
$$= 3.06 \times 3.6 - 1.8 \times 2.88$$
$$= 11.016 - 5.184$$
$$= 5.832 m^2$$

©轴上该段墙体面积

$$(3.3-0.24)\times(3.9-0.24-0.06)-1.0\times(2.5+0.12)$$
$$=3.06\times3.6-1.0\times2.62$$
$$=11.016-2.62$$
$$=8.396m^2$$

该间砌筑墙体总面积=5.832+8.396=14.228m²

（3）每平方米墙面材料用量

规范规定：灰缝厚度为8～12mm，黏土砖尺寸为240mm×115mm×53mm。按砌筑墙面宽1m、高1m计算：

砖墙宽度方向：1000/（240+10）=4

砖墙高度方向：1000/（53+10）=16

则每平方米240砖墙用砖量为：4×16×2=128块

每平方米240砖墙用砂浆量为：1×1×0.24-128×0.053×0.115×0.24=0.053m³

注意：上述为理论消耗量，实际用量要考虑消耗系数。

（4）每实训单元墙面材料用量

按每平方米240砖墙用砖量为128块计，则每个实训单元所需的MU10标准黏土砖为：

$$128\times14.228=1821.184\approx1822块$$

按每平方米240砖墙用砂浆量0.053m³计，则每个实训单元所需的M7.5混合砂浆为：

$$0.053\times14.228\approx0.754m^3$$

每个实训单元底层一个开间承重墙墙体砌筑材料用量汇总见表6-3。

240墙砌筑材料计划表　　　　表6-3

位置	材料名称	规格	单位	数量
±0.000至一层楼面	标准黏土砖	MU10，240mm×115mm×53mm	块	1822
	砌筑砂浆	M7.5	m³	0.754

6.3.4 非承重墙材料准备

（1）墙体高度、长度计算原则

①墙高度：位于屋架下弦者，其高度算至屋架底；无屋架者算至顶棚底另加100mm；有钢筋混凝土楼板隔层者，算至楼板底。

②墙长度：按设计墙间净长线计算。

计算墙体时，应扣除门窗洞口、嵌入墙身过梁。

（2）每实训单元承重墙墙体面积

根据图1-2的建筑一层平面图，以一间、一层为例计算隔墙砌筑材料用量。导墙高200mm，因此隔墙高3m。

120隔墙砌筑面积为：

$$(1.88+2.38-0.24)\times3-0.75\times(2.1+0.12)$$
$$=4.02\times3-0.75\times2.22$$
$$=12.06-1.665$$
$$=10.395m^2$$

（3）每平方米墙面材料用量

规范规定：灰缝厚度为 8～12mm，黏土砖尺寸为 240mm×115mm×53mm。按砌筑墙面宽 1m、高 1m 计算：

砖墙宽度方向：1000/（240＋10）＝4

砖墙高度方向：1000/（53＋10）＝16

则每平方米 120 砖墙用砖量为：4×16＝64 块

每平方米 120 砖墙用砂浆量为：1×1×0.12－64×0.053×0.115×0.24＝0.026m³

注意：上述为理论消耗量，实际用量要考虑消耗系数。

（4）每实训单元墙面材料用量

按每平方米 120 砖墙用砖量为 64 块计，则每个实训单元所需的 MU10 标准黏土砖为：

$$64×10.395＝665.28≈666 块$$

按每平方米 120 砖墙用砂浆量为 0.026m³ 计，则每个实训单元所需的 M7.5 混合砂浆为：

$$0.026×10.395≈0.271m³$$

每一开间底层非承重墙（120 隔墙）砌筑材料用量计划见表 6-4。

120 墙砌筑材料计划表 表 6-4

名称	规格	单位	数量
烧结普通黏土砖	MU10，240mm×115mm×53mm	块	666
砌筑砂浆	M7.5	m³	0.271

注：相关数据计算以图纸计算为准。

各组根据各自的实训任务，确定所需的材料数量，编写材料计划表。由实训指导老师检查结果并评定以后，方可到材料堆场领取。

6.3.5 工具及防护用品准备

各组按照施工要求编制实训所需工具及安全防护用品计划表，见表 6-5。经指导老师检查核定后，方可领取相应物品。各组均要对领取的物品进行登记，经手人须签名。工具搬运到实训现场，应再做清点。领取的工具及防护用品应严格检查，禁止使用不符合规范要求的工具及防护用品。

墙体砌筑时每组还应准备小白线、砖夹子、扫帚等。

工具及安全防护用品计划表 表 6-5

序号	工具名称	规格（型号）	单位	数量	备注
1	泥刀	241mm×2.5mm×102mm	把	4	砌筑用
2	泥桶	18L	只	4	装砂浆用
3	塞尺	1～15mm	把	2	楔形
4	皮数杆	2m 长	把	2	墙体竖向尺寸控制杆
5	水平尺	1.2m	把	2	检测工具
6	托线板	1.2m	块	2	检测工具

序号	工具名称	规格（型号）	单位	数量	备注
7	线坠	400g	只	4	不锈钢
8	铁铲	全长350mm	把	2	通硅钢
9	灰槽	750mm×570mm×220mm	只	1	胶皮
10	安全帽	《安全帽》GB 2811—2007	顶	1	每人1顶
11	手套	《针织民用手套》FZ/T 73047—2013	付	1	每人1付

6.3.6 施工注意事项

（1）脚手架上堆料量不得超过规定荷载和高度，每块脚手板上的操作人员不得超过2人。

（2）每个工作班组的砌筑高度不得超过1.80m，砖柱和独立构筑物的砌筑高度，每个工作班组也不得超过1.80m，冬期和大风天气施工要严格控制一次砌筑高度。

（3）不得站在墙顶面上进行画线、勾缝和清扫墙面或检查大角垂直等工作。

（4）不得用不稳固的工具或物体在脚手板面垫高，脚手板不允许有探头现象，不准用5cm×10cm木料或钢模板做立人板。

（5）砌筑作业时不得勉强在高度超过胸部以上墙体上进行，以免将墙碰撞倒塌、失稳坠落或砌块失手掉下造成事故。

（6）尚未安装楼板或面层板的墙和柱，当可能遇到大风时，应采取临时支撑等措施，保证施工中墙体的稳定性。

（7）在同一垂直面内上下交叉作业时，必须设置安全硬隔离，操作人员戴好安全帽。

6.4 实训操作

教师根据学生编制的墙体砌筑施工方案、组砌工艺、材料计划表、工具计划表等，与学生一起讨论，帮助学生纠正砌筑方案、工艺和计划中的不妥之处。学生应对方案和计划中的不足之处进行修改，并经确认后方可实施。

（1）抄平

砌砖墙前，先在基础面或楼面上按标准的水准点定出各层标高，并用水泥砂浆或C15细石混凝土找平。本任务从±0.000处开始砌筑。

（2）放线

建筑物底层墙身以龙门板上轴线定位钉为准拉麻线，沿麻线挂线坠，将墙身中心轴线放到基础面上（待砌筑墙底），并以此墙身中心轴线为准弹出纵横墙身边线，并定出门窗洞口位置。为保证各楼层墙身轴线的重合，并与基础定位轴线一致，可利用预先引测在外墙面上的墙身中心轴线，借助经纬仪把墙身中心轴线引测到楼层上去；或用线坠法，对准外墙面上的墙身中心轴线，从而向上引测。轴线的引测是放线的关键，必须按图纸要求尺寸用钢尺进行校核。再按楼层墙身中心线，弹出各墙边线，画出门窗洞口位置。

（3）选砖、湿砖

外墙要选择棱角整齐，无弯曲、裂纹，颜色均匀，规格基本一致的砖。砌筑砖砌体时，砖应提前1～2d浇水湿润，一般以水浸入砖四边1.5cm为宜。

（4）摆砖样

按选定的组砌方法，在墙基顶面放线位置试摆砖样（干摆，即不铺灰），尽量减小斩砖数量，并保证砖及砖缝排列整齐均匀，提高砌砖效率。

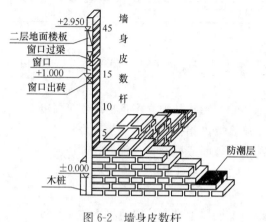

图6-2　墙身皮数杆

（5）立皮数杆

墙体砌筑时，其标高用墙身"皮数杆"控制。皮数杆由硬方木制成，如图6-2所示，在皮数杆上根据设计尺寸，按砖和灰缝厚度画线，并标明门、窗、过梁、楼板等的标高位置。杆上标高注记从±0.000向上增加。

墙身皮数杆一般立在建筑物的转角、内外墙交接处以及门窗洞口等位置，固定在木桩或基础墙上。为了便于施工，采用里脚手架时，皮数杆立在墙的外边；采用外脚手架时，皮数杆应立在墙里边。立皮数杆时，先用水准仪在立杆处的木桩或基础墙上测设出±0.000标高线，测量误差在±3mm以内，然后把皮数杆上的±0.000线与该线对齐，用吊锤校正并钉牢，必要时可在皮数杆上加钉两根斜撑，以保证皮数杆的稳定。

（6）盘角、挂线

本实训纵横墙交接处均为构造柱，不需要做盘角。

砌240墙时，可采用挂外手单线；若砖外观质量不好，或者是砖外观质量好但砌筑要求高可挂双线。本实训最好挂双线，作为墙身砌筑的依据，每砌一皮或两皮，准线向上移动一次。

（7）铺灰砌砖

铺灰砌砖的操作方法很多，与各地区的操作习惯、使用的工具有关。砌砖宜采用"三一砌筑法"，砌砖一定要跟线，"上跟线，下跟棱，左右相邻要对平"；砌筑砂浆要随搅拌随使用，一般水泥砂浆必须在3h内使完，混合砂浆必须在4h内用完。实心砖砌体有一顺一丁、三顺一丁、梅花丁的组砌方法，如图6-3所示。工程中常用一顺一丁砌筑法。

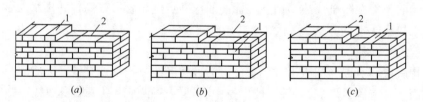

图6-3　砖的组砌方法图

（a）一顺一丁；（b）三顺一丁；（c）梅花丁

1—丁砌砖块；2—顺砌砖块

（8）构造柱

在墙体与构造柱连接处必须砌成马牙槎。每一个马牙槎高度方向为四皮砖，并且是先退后进。拉结筋按设计要求放置，设计无要求按构造要求放置，如图6-4所示。

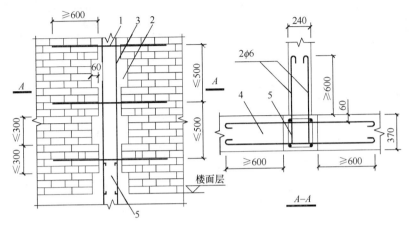

图6-4 构造柱与墙体连接图

1—拉结钢筋；2—马牙槎；3—构造柱钢筋；4—墙体；5—构造柱

（9）撰写施工日志

施工日志范例见表6-6。

施工日志范例　　　　　　　　　　　　　　表6-6

编号×-×

天气状况		风力	最高/最低温度	备注
白天	晴	3～4级	25℃/18℃	
夜间	雨	5级	10℃/20℃	

生产情况记录：（施工部位、施工内容、机械作业、班组工作，生产存在问题等）

1. 施工部位：第五层。

2. 施工内容：

（1）第Ⅰ施工段（①～⑩轴线/Ⓐ～Ⓓ轴线）：绑扎板钢筋，塔吊负责垂直运输。该组人数为28人。

（2）第Ⅱ施工段（⑪～⑳轴线/Ⓐ～Ⓓ轴线）：绑扎梁钢筋，塔吊负责垂直运输。该组人数为26人。

3. 发现问题：部分钢筋保护层厚度不够或没有保护层，负弯矩钢筋部分被踩下。

技术质量安全工作记录：（技术质量安全活动，检查评定验收、技术质量安全问题等）

1. 建设、设计、监理、施工单位在现场召开技术质量安全工作会议。参加人员：×××、×××、×××、××。讨论内容：施工进度、质量事项。

2. 安全生产方面，重点检查三宝、四口、五临边，检查全面到位，无隐患。参加人员：施工单位×××、监理单位×××。

3. 检查评定验收：各施工班组施工工序科学、合理，符合操作规程；三层楼面板混凝土验收，实测误差达到规范要求。参加人员：施工单位技术员×××、混凝土班组长×××，监理单位×××。

记录人	×××	日期	20××年×月×日，星期×

根据施工实训当天的情况，填写施工日志，见表 6-7。

表 6-7

_____施工日志

项目名称			编号	
时间	天气状况	风力	最高/最低温度	备注

生产情况记录：（施工部位、施工内容、机械作业、班组工作、生产存在问题等）

技术质量安全工作记录：（技术质量安全活动、检查评定验收、技术质量安全问题等）

记录人		日 期		年 月 日，星期

（10）墙体砌筑注意事项

1）砌筑时墙体横平竖直，上下错缝。

2）构造柱处砖墙应砌成马牙槎，设置拉结筋。大马牙槎从每层柱脚开始，先退后进。

3）墙体与构造柱连接处，按构造要求放置拉接钢筋。

4）半头砖要分散在较大的墙体上，避免造成通缝；首层或楼层的第一皮砖要查对皮数杆的标高及层高。

5）留直槎时须留成阳槎，即丁砖不砌，接茬时塞入（槎面看上去是凸出来的）。

6）注意隔墙与横纵墙交接处，与所留直槎的接茬要可靠。

7）非承重隔墙沿高度每隔 1.2m 设一道 30mm 厚水泥砂浆层，内放 2φ6 钢筋。

8）非承重隔墙顶层砖要斜砌。

9）墙体砌筑到一定高度后（1.5m 左右），应在内、外墙面上测设出＋0.500m 标高的水平墨线，称为"＋50 线"。外墙的＋50 线作为向上传递各楼层标高的依据，内墙的＋50 线作为室内地面施工及室内装修的标高依据。

6.5 总结评价

6.5.1 实训总结

参照表 6-8，对实训过程中出现的问题、原因以及解决方法进行分析，并与实训小组的同学讨论，将思考和讨论结果填入表中。

		实训总结表			表 6-8

组号		小组成员		日期	

实训中的问题:

问题的原因:

问题解决方案:

实训体会:

6.5.2 成果检验

根据砌体验收规范的规定,对砌筑质量进行验收和质量评价。学生根据墙体砌筑质量验收标准进行自检,完成表 6-9 的填写。

砖墙砌筑实训成果检验表　　　　　　表 6-9

实训项目		实训时间		实训地点			
姓名		班级		指导教师			

序号	检验内容	要求及允许偏差	检验方法	验收记录	分值	得分
1	工作程序	正确的操作程序(每错漏1项扣2分)	巡查		10	
2	砖强度等级	满足设计要求 MU10(报告不合格扣4分,无报告者无分)	砌块出厂合格证、复试报告单		5	
3	砂浆强度等级	满足设计要求 M7.5(报告不合格扣4分,无报告者无分)	砂浆试块试验报告		5	
4	砂浆饱满度	≥80%(检查10处;小于80%每处扣1分,5处以上小于80%者无分)	百格网		5	
5	轴线位置偏移	≤10mm(承重墙、柱全数检查;超过1处扣2分,扣完为止)	经纬仪和尺检查或用其他测量仪器		5	
6	墙底和楼面标高	±15(检查≥5处;超过1处扣2分,扣完为止)	水平仪和尺检查		5	

续表

序号	检验内容		要求及允许偏差	检验方法	验收记录	分值	得分
7	垂直度（每层）		≤5mm （超过 5mm 者扣 2 分，超过 10mm 者无分）	线坠、托线板检查		5	
8	表面平整度 （混水墙、柱）		≤8mm （超过 1 处扣 2 分，超过 10mm 无分）	用 2m 靠尺 和楔形塞尺检查		5	
9	240 墙组砌 方法		上下错缝，内外搭砌（错误 1 处扣 2分）	观察、量测		5	
10	马牙槎砌筑及 拉结钢筋		每一马牙槎高度方向为 4 皮砖，先退后进（均为 60）；拉结筋按设计要求放置；其他砌筑要求同 240 墙（一般砌筑错误 1 处扣 2 分，马牙槎砌筑出错扣 10 分，漏放拉结筋扣 5 分）	观察及检查		5	
11	水平 灰缝	厚度	8～12mm （超出每处扣 1 分）	皮数杆及尺检查		5	
		平直度	10mm（超过每处扣 1 分，5 处以上超过或 1 处超过 20mm 者无分）	用 10m 拉线和 尺检查		5	
12	门窗洞口 高、宽		±5mm （超过 1 处扣 2 分，超过 20mm 无分）	用尺检查		5	
13	安全施工		安全设施到位	巡查		5	
	遵守秩序		没有危险动作 （1 次扣 2 分）			5	
14	文明施工		工具完好、场地整洁	巡查		5	
	施工进度		按时完成 （拖延 30 分钟以上扣 2 分）			5	
15	团队精神		分工协作、人人参与 （缺乏协作精神无分）	巡查		5	
	工作态度		遵守纪律、态度认真（不遵守纪律、态度不端正酌情扣分）			5	

质量检验记录及原因分析

质量检验记录	质量问题分析	防治措施建议

考核员		考核日期		总评成绩	

6.5.3 成绩评定

针对每个学生在实训工作过程中的表现和每个小组的实训工作成果进行评价，采取学生个人自评、小组自评、小组互评及指导老师或专业师傅评价相结合的方式，参照表6-10进行实训成绩评定。

实训成绩评定表　　　　　　　　　　　　　　　　　　　　　　表 6-10

考核内容		分值	个人自评	小组自评	小组互评	教师评价
素质	纪律、卫生、文明	10				
	语言表达能力及沟通能力	10				
	团队合作精神	10				
能力	对实训任务工作目标的理解	10				
	实训过程中的组织和管理	10				
	操作步骤清晰明了	10				
	操作动作的正确性	10				
知识	知识掌握的全面性	10				
	知识掌握的熟练程度	10				
	知识掌握的正确性	10				
合计		100				
成绩评定						

思 考 题

（1）墙体砌筑的工艺流程是什么？

（2）构造柱马牙槎的进退尺寸是多少？如何留设？

（3）砖墙砌筑时临时间断处的留槎与接茬有何要求？

（4）影响砌体抗压强度的因素主要有哪些？

（5）为了保证墙体砌筑质量，在砌筑中有哪些注意事项？

（6）非承重墙砌筑时最上面与楼板接触处如何砌筑？为什么？

（7）非承重墙砌筑时有哪些增加稳定性的措施？

（8）影响墙体砌筑质量的因素主要有哪些？

（9）非承重墙和承重墙有哪些不同？

任务 7　外脚手架搭设

外脚手架是指沿着建筑物周边外围所搭设的临时结构架。其作用是为建筑施工作业提供平台并用于上料、堆料等。脚手架是建筑施工中不可缺少的临时设施，它随工程进度而搭设，工程完毕即拆除。虽然是临时设施，但在基础、主体、装修以及设备安装等施工阶段，都离不开脚手架。为方便施工期间建筑上下层之间人员、材料和小型设备的交通运输，外脚手架边也常附设马道。马道多搭设于施工中建筑的某一立面上，也用于较深边坡开挖以保证边坡稳定。脚手架设计、搭设是否合理，不但直接影响施工方案的有效实施，而且直接关系作业人员的生命安全。图 7-1 为外脚手架搭设的照片。

图 7-1　外脚手架搭设

在施工现场有时还需要搭设安全通道，即在建筑物出入口位置用脚手架、安全网及硬质木板搭设"护头棚"，或当上部施工作业面与地面通道重叠时，为地面通行人员提供一个安全通道，以避免上部施工时掉落物品伤人。马道和安全通道都是特殊形式的脚手架，既要保证能最大限度降低施工现场的安全隐患，又要装拆简便、能有效回收和多次使用。

7.1　实训任务

搭设脚手架、马道的材料通常有竹、木、钢管、合成材料等。本实训项目要求采用扣件式钢管脚手架完成外脚手架搭设任务。要求有完整的技术资料，符合相关技术规范要求，达到合格标准。

7.2　实训目标

技能目标：能正确识读结构施工图；能根据现场实际情况进行外脚手架的搭设方案设

计，能根据搭设方案正确准备材料、工具及劳保用品等；掌握外脚手架搭设的施工流程和施工工艺；能运用常用的质量检验方法和标准进行外脚手架施工质量评定。

知识目标：了解建筑施工扣件式钢管脚手架安全技术规范；掌握外脚手架的构造、作用、搭设工艺；了解脚手架搭设的质量标准及相应的规范。

素质目标：培养吃苦耐劳、团队合作的精神，养成安全文明施工的工作习惯和认真细致的工作态度。

7.3　实训准备

7.3.1　知识准备

阅读施工图纸，查阅教材及相关资料，解答表 7-1 中的问题，并填入相关参考资料名称，记录学习中所遇到的其他问题。根据实训分组，针对表中的问题分组进行讨论，为完成实训任务打好基础。

问题讨论记录表　　　　　　　　　　　　　表 7-1

组　号		小组成员		日　期	
问　　题		问题解答		参考资料	
1. 我国建筑脚手架有哪些规范或标准？					
2. 墙体砌筑时使用的脚手架有哪些形式？					
3. 如何保证搭设的脚手架安全可靠？					
4. 其他问题					

7.3.2　工艺准备

根据实训施工图纸，在表 7-2 中画出外脚手架、一字形马道搭设方案简图，叙述外脚手架搭设的步骤与方法，写出脚手架搭设的质量控制要点及质量检验方案，确定外脚手架搭设工作方案。

外脚手架搭设工作方案　　　　　　　　　　表 7-2

组　号		小组成员		日　期	
外脚手架搭设方案简图					
一字形马道搭设方案简图					
外脚手架搭设施工步骤与方法					
质量控制要点及质量检验方法					
人员分工及时间安排					

7.3.3 材料准备

（1）外脚手架搭设材料

1）钢管。钢管采用外径48mm，壁厚3.5mm的焊接钢管，钢管材质为Q235钢，应符合《碳素结构钢》GB/T 700—2006的规定。用于立杆、大横杆、剪刀撑和斜杆的钢管长度为4～6m（这样的长度一般质量在25kg以内，适合人工操作）。用于小横杆的钢管长度为1.8～2.0m，以适应脚手架宽度的需要。禁止使用有明显变形、裂纹和严重锈蚀的钢管。使用普通焊管时，应内外涂刷防锈层并定期复涂以保持其完好。

2）扣件。扣件是用于钢管杆件之间的连接零件，常分为直角扣件、旋转扣件、对接扣件，如图7-2所示。直角扣件如图7-2（a）所示，也称十字扣件或定向扣件，用于两根垂直相交钢管的交叉连接紧固，例如钢管脚手架的纵向杆和横向管连接紧固。旋转扣件如图7-2（b）所示，也称活动扣件或万向扣件，用于两根任意角度相交钢管的交叉连接紧固，例如脚手架的剪刀撑钢管与纵向杆和横杆的连接。对接扣件如图7-2（c）所示，也称一字扣件或直接扣件，用于两根钢管的对接连接，主要有垂直杆、纵向水平杆、斜撑的接长。

图 7-2　扣件的形式
（a）直角扣件；（b）旋转扣件；（c）对接扣件

脚手架工程中应使用与钢管管径相配合的，符合我国现行标准《钢管脚手架扣件》GB 15831—2006规定的可锻铸铁扣件，材料为可锻铸铁或玛钢。扣件应在螺栓扭力矩（拧紧程度）40N·m时，确保钢管在受外荷载后不产生滑移现象。严禁使用加工不合格、锈蚀和有裂纹的扣件。搭脚手架用扣件使用前必须在现场进行全面的检查，要除锈、去污，确保螺栓螺丝完好并涂油保养，旋转扣件和对接扣件的中轴如磨损较大不得使用。

3）底座。底座与脚手架组合配套使用，是脚手架支撑系统中重要的组成部分。底座的作用是可靠固定各类脚手架、支撑架等构件，并有效地把脚手架传递的荷载传递到垫板上或刚性地面上。底座形式较多，一般分为可调和不可调两类。图7-3为部分产品照片。

图 7-3　底座形式

4）垫板。垫板用于承受脚手架立柱传递下来的荷载，一般采用厚度不小于 5cm，宽度不小于 20cm，面积不小于 0.1m² 的木板或厚 8mm、边长 150～200mm 的钢板。

5）脚手板。脚手板有冲压钢脚手板、木脚手板、竹串片脚手板、竹笆脚手板等。冲压钢脚手板的材质应符合现行国家标准《碳素结构钢》GB/T 700—2006 中 Q235-A 级钢的规定，其质量与尺寸允许偏差应符合国标规定，且表面具有防滑、防积水构造。木脚手板应采用杉木或松木制作，脚手板厚度不小于 50mm，宽度为 200～250mm，长 3～4m，两端应各设直径为 4mm 的镀锌钢丝箍 2 道。竹脚手板宜采用由毛竹或楠竹制作的竹串片板、竹笆板。每块钢脚手板或木脚手板的质量都不宜大于 30kg。

6）安全网。必须由国家指定监督检验部门指定许可生产的厂家生产，应具备监督部门批量验证和工厂检验合格证。水平安全网采用 3m×6m 的锦纶大眼安全网，立网采用绿色密目（2000 目）安全网。安全网的选用应符合《安全网》GB 5275—2009 的规定。

（2）外脚手架搭设方案

根据图 1-6 的建筑平面，进行脚手架搭设方案设计，立面尺寸示意如图 7-4 所示。

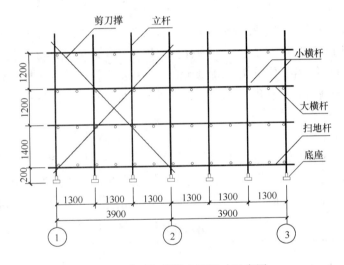

图 7-4 脚手架搭设立面尺寸示意图

脚手架搭设要点如下：

1）平整夯实场地，设置木垫板，并做好排水措施，防止积水浸泡地基。

2）采用敞开式双排脚手架立杆。脚手架横距 1.20m，脚手架步距为 1.20～1.40m，立杆纵距 1.30m。

3）纵向水平杆设置在立杆的内侧，采用 4～6m 长的钢管，采用对接扣件连接，对接扣件应交错布置。

4）脚手架主节点（即立杆、纵向水平杆、横向水平杆三杆紧靠的扣接点）处必须设置 1 根横向水平杆，采用直角扣件扣接且严禁拆除。主节点处两个直角扣件的中心距不应大于 150mm。横向水平杆靠墙一端的外伸长度不应大于立杆横距的 0.4 倍，且不应大于 500mm；作业层上非主节点处的横向水平杆，宜根据支承脚手板的需要等间距设置，最大间距不应大于纵距的 1/2。

5）设置纵、横向扫地杆。纵向扫地杆采用直角扣件固定在距底座上皮不大于 200mm

处的立杆上，横向扫地杆也可采用直角扣件固定在紧靠纵向扫地杆下方的立杆上。

6）采用竹笆脚手板。作业层脚手板应铺满、铺稳，离开墙面120～150mm。脚手板应设置在三根横向水平杆上。当脚手板长度小于2m时，可采用两根横向水平杆支承，但应将脚手板两端与其可靠固定，严防倾翻。宽型的竹笆脚手板应按其主竹筋垂直于纵向水平杆方向铺设，且采用对接平铺，四个角应用镀锌钢丝固定在纵向水平杆上。

（3）马道搭设方案

1）本工程设置一字形马道，主要供施工人员上下使用。马道搭设在建筑东侧。马道两端设1.2m宽的休息平台，平台与脚手架上下层相连，坡度按实际情况调整，宽度为1.2m。

2）马道两侧及平台外围，设置护栏杆，上部护身栏杆1.2m，下部护身栏杆距脚手板0.6m，同时设180mm宽挡脚板。

3）脚手板顺铺时，接头宜采用搭接，下面的板头应压住上面的板头，板头的凸棱处应用三角木条填顺，并用8号铅丝绑扎。

4）每隔300mm设置1根防滑木条，木条厚度宜为30～50mm。

5）剪刀撑采用6m的钢管根据现场情况在马道两侧设置，每组剪刀撑上下要连续设置，斜杆除两端用回转扣件与立杆、大横杆扣紧外，在中间要增加2个扣件扣牢，斜杆两端扣件与立杆节点的距离不得大于150mm，最下边斜杆与立杆的连接点距离不大于200mm，剪刀撑杆件的搭接长度为1000mm，用3个扣件扣牢，扣件扣在钢管端头不小于10cm处。剪刀撑下端一定要落地。

（4）材料用量计算

各组根据各自的实训任务，按照实训建筑结构的2个开间的脚手架搭设方案，确定所需的材料和数量，编写材料计划表，见表7-3。由实训指导老师检查结果并评定以后，方可以到材料库领取材料。领取的材料应严格检查，禁止使用不符合规范要求的材料。

材料计划表　　　　　　　　　　　　　　　　　　　　表 7-3

序号	名称	规格	长度	单位	数量	备注
1	立杆	Φ48×3.5mm（厚）	6m	根	7	6m 和 4.5m 搭配使用
2	立杆	Φ48×3.5mm（厚）	4.5m	根	7	6m 和 4.5m 搭配使用
3	大横杆	Φ48×3.5mm（厚）	6m	根	8	6m 和 3m 搭配使用
4	大横杆	Φ48×3.5mm（厚）	3m	根	8	6m 和 3m 搭配使用
5	小横杆	Φ48×3.5mm（厚）	1.5m	根	52	间距不大于 1m
6	剪刀撑	Φ48×3.5mm（厚）	4.5m	根	4	与地面夹角 45°
7	扣件	旋转扣件		个	10	标准扣件
8	扣件	直角扣件		个	160	标准扣件
9	扣件	对接扣件		个	10	标准扣件
10	垫板	200mm（宽）×50mm（厚）	3m	块	6	木板
11	底座	可调底座		个	14	

7.3.4 工具及防护用品准备

各组按照施工要求编制实训所需工具及安全防护用品计划表，见表 7-4。经指导老师检查核定后，方可领取工具及物品。各组均要对领取的物品进行登记，经手人须签名。工具搬运到实训现场，应作清点。领取的工具及防护用品应严格检查，禁止使用不符合规范要求的工具及防护用品。

工具及安全防护用品计划表 表 7-4

序号	工具名称	规格型号	单位	数量	备注
1	扳手	8 吋	把	4	按组领取
2	钢丝钳	8 吋	把	2	
3	榔头	2 磅	把	1	
4	线坠	400g	个	2	
5	锄头	360mm	把	2	
6	水准仪	苏一光 DSZ2	台	1	
7	钢卷尺	5m	把	2	
8	墨斗	自动卷线，线长 15m	个	1	
9	安全带	《安全带》GB 6095—2009	付	1	每人 1 付
10	安全帽	《安全帽》GB 2811—2007	顶	1	每人 1 顶
11	手套	《针织民用手套》FZ/T 73047—2013	付	1	每人 1 付

7.3.5 施工注意事项

（1）搭设脚手架前清扫现场，立杆的基础应平整夯实，具有足够的承载力和稳定性。立杆必须垂直放在支垫上，支垫可用混凝土垫块或厚度不小于 50mm 的木板。

（2）严格按规定的构造尺寸进行搭设，控制好立杆的垂直偏差和横杆的水平偏差。

（3）在架上进行搭设作业时，作业面上需铺设临时脚手板并固定。

（4）扣件一定要拧紧，严禁松拧或漏拧，脚手架搭设后应及时逐一对扣件进行检测。

（5）脚手板要铺满、铺平和铺稳，并与横杆绑扎牢靠，不得有探头板。

（6）安全网与钢管必须绑牢。

（7）架子搭设作业时，必须戴好安全帽，佩挂安全带，穿软底鞋，工具应放入工具袋内。

（8）搭设时须两人以上配合作业，不得单人进行易失稳、脱手、碰接、滑跌等不安全作业，上下传递物体不得抛掷。

（9）没有完成的外脚手架，在每日收工时，一定要确保架子稳定，以免发生意外。

（10）作业现场应设安全围护和警示标志，禁止无关人员进入危险区域。

（11）脚手架搭完后，应进行检查验收，合格后才能使用。

7.4 实训操作

教师根据学生编制的脚手架搭设施工方案、材料计划表、工具计划表等，与学生一起讨论，帮助学生纠正搭设方案、工艺和计划中的不妥之处。学生应对方案和计划中的不足之处进行修改，并经确认后方可实施。搭设前，还应对进场的钢管以及配件进行严格的检查，禁止使用不符合规格和质量不合格的钢管配件。

7.4.1 钢管质量检验

（1）钢管表面应平直光滑，没有裂纹、分层、压痕、划道和硬弯。
（2）钢管外径偏差不大于−0.5mm，壁厚偏差不大于−0.3mm。
（3）钢管端面应平整，偏差不超过1.7mm。
（4）钢管锈蚀深度应小于0.5mm，不得使用严重锈蚀的钢管。
（5）钢管长度规格必须按要求统一，不得长短参差不齐。

7.4.2 扣件质量检验

（1）所用扣件不得有裂纹、气孔；不宜有疏松、砂眼或其他影响使用性能的铸造缺陷，并应将影响外观质量的粘砂、浇冒口残余、披缝、毛刺、氧化皮等清除干净。
（2）扣件与钢管的贴合面必须严格整形，应保证与钢管扣紧时接触良好。
（3）扣件活动部位应能灵活转动，旋转扣件的两旋转面间隙应小于1mm。
（4）当扣件夹紧钢管时，开口处的最小距离应不小于5mm。
（5）扣件表面应进行防锈处理。

7.4.3 外脚手架搭设

主要实训操作步骤如下：
（1）按计划进行材料、器具、设备的准备，明确人员分工。
（2）现场操作区清理。
（3）脚手架支承地面平整、打夯。
（4）铺混凝土块或木垫板，放置可调底座。
（5）从内墙一端转角处开始放置第一层框形架。
（6）逐一安装交叉杆、连接杆。
（7）安装脚手板，挂安全网。
（8）检查验收。
（9）悬挂各种安全标志。
（10）完成工程资料。

7.4.4 马道搭设

马道搭设自下而上进行，立杆垫板铺完后由楼的一侧开始排尺，在垫板上用粉笔画出立杆轴线，然后在垫板上摆放标准底座及扫地杆。实训操作主要步骤如下：
（1）按上述计划进行材料、器具、设备的准备；明确人员分工。
（2）现场操作区清理。
（3）放立杆位置线。
（4）铺垫板，按立杆间距排放可调底座。
（5）摆放纵向扫地杆，逐根竖立杆，与纵向扫地杆扣紧，安放横向扫地杆，与立杆或纵向扫地杆扣紧。
（6）安放第一步纵向水平杆和横向水平杆，可加设抛杆作垂直方向临时加固。
（7）安放坡道处纵向斜杆及平台处纵向水平杆和横向水平杆。

（8）铺设坡道架板及平台架板，安装护身栏杆和挡脚板。

（9）绑扎封顶杆。

（10）立挂安全网。

（11）检查。

（12）完成工程资料。

7.5　总结评价

7.5.1　实训总结

参照表 7-5，对实训过程中出现的问题、原因以及解决方法进行分析，并与实训小组的同学讨论，将思考和讨论结果填入表中。

实训总结表　　　　　　　　　　　　　　　　　　　　　　　　　　表 7-5

组号		小组成员		日期	
实训中的问题：					
问题的原因：					
问题解决方案：					
实训体会：					

7.5.2　成果检验

根据脚手架质量验收标准进行质量检验，完成表 7-6 的填写。

扣件式钢管脚手架质量检验

表 7-6

项目		实训时间		实训地点			
姓名		班级		指导教师			
序号	检验内容	要求及允许偏差	检验方法	验收记录	分值	得分	
1	工作程序	正确的操作程序（每错漏 1 项扣 2 分）	巡查		10		
2	坚固性和稳定性	根据底层情况，决定是否放垫板或底座。脚手架无过大摇晃、倾斜、沉陷（评分按不能加载、可适量加载、过大摇晃变形、少量摇晃、稳定计 2～10 分）	观察、检查		10		
3	立杆垂直度	±7mm（检查 5 处；≤±3mm 为 2 分，≤±7mm 为 1 分）	吊线和钢尺		10		
4	间距	步距：±20mm，柱距：±50mm，排距：±20mm（各查 5 处，每处 2/3 分，合计取整）	用钢尺检查		10		
5	纵向水平杆高差	1 根杆两端：±20（检查 5 处，每处 1 分）	用水平仪或水平尺检查		5		
5	纵向水平杆高差	同跨度内、外纵向水平杆高差：±10（检查 5 处，每处 1 分）	用水平仪或水平尺检查		5		
6	扣件安装	主节点处各扣件中心点相互距离：Δ≤150mm（检查 5 处，每处 2 分）	用钢尺检查		10		
7	扣件螺栓拧紧扭力矩	40～65N·m（检查 5 处，每处 2 分）	扭力扳手		10		
8	安全施工	防护用品正确使用（安全帽未佩戴，高处作业未系安全带，扣 2 分；使用不正确，扣 1 分。可重复扣分）	巡查		5		
8	安全施工	没有危险动作（每次扣 1 分，可重复扣分）	巡查		5		
9	安全网	绑扎牢固（检查 5 个绑扎点，不牢固每处扣 1 分。安全网不平整，有过松过紧，得分不超过 2 分）	巡查		5		
9	操作层防护	挡脚板、防护栏杆、脚手板未设置的，扣 2 分；设置不正确的，每处扣 1 分。	巡查		5		
10	团队精神	分工协作、人人参与	巡查		5		
10	工作态度	遵守纪律、态度认真	巡查		5		

总评

考核员		考核日期		总评成绩	

7.5.3　成绩评定

针对每个学生在实训工作过程中的表现和每个小组的实训工作成果进行评价，采取学生个人自评、小组自评、小组互评及指导老师或专业师傅评价相结合的方式，参照表 7-7 进行实训成绩评定。

实训成绩评定表　　　　　　　　　　　　　　　　　　　　表 7-7

考核内容		分值	个人自评	小组自评	小组互评	教师评价
素质	纪律、卫生、文明	10				
	语言表达能力及沟通能力	10				
	团队合作精神	10				
能力	对实训任务工作目标的理解	10				
	实训过程中的组织和管理	10				
	操作步骤清晰明了	10				
	操作动作的正确性	10				
知识	知识掌握的全面性	10				
	知识掌握的熟练程度	10				
	知识掌握的正确性	10				
合计		100				
成绩评定						

思　考　题

（1）简述脚手架的作用。

（2）简述搭设脚手架前场地准备工作的要点。

（3）简述扣件式钢管脚手架搭设的工艺顺序。

（4）简述一字形斜道的构造要求。

（5）剪刀撑的作用是什么？如何布置？

（6）简述护身栏杆和安全网设置要点。

（7）脚手板铺设操作要领是什么？

（8）简述扣件式钢管脚手架拆除顺序。

任务8 满堂脚手架搭设

满堂脚手架又称为满堂红脚手架，是一种搭建脚手架的施工工艺。满堂脚手架由立杆、横杆、斜撑、剪刀撑等组成，即满屋子搭架子。满堂脚手架相对其他脚手架系统密度大，因此比其他脚手架更加稳固。满堂脚手架常用于单层厂房、展览大厅、体育馆等层高、开间较大的建筑顶部的装饰施工，本实训项目中是作为现浇混凝土楼盖结构的支撑系统。图8-1为满堂脚手架搭设的照片。

图8-1 满堂脚手架搭设

8.1 实训任务

根据建筑平面图进行满堂脚手架搭设方案设计，完成满堂脚手架的搭设及验收。

8.2 实训目标

技能目标：能够查阅施工手册，根据结构施工图，结合施工现场实际，制定合理的满堂脚手架搭设方案；能够进行满堂脚手架的搭设工作；能够实施满堂脚手架施工时的安全措施；能够进行满堂脚手架搭设质量检验，并完成相应技术资料。

知识目标：了解满堂脚手架的特点；熟悉满堂脚手架的构造要求；熟悉满堂脚手架的一般搭设程序；熟悉满堂脚手架施工的安全技术要求。

情感目标：培养学生勤奋学习的精神及诚实、守信、善于沟通和合作的品质。

8.3　实训准备

8.3.1　知识准备

阅读施工图纸，查阅教材及相关资料，解答表 8-1 中的问题，并填入相关参考资料名称，记录学习中所遇到的其他问题。根据实训分组，针对表中的问题分组进行讨论，为完成实训任务打好基础。

问题讨论记录表　　　　　　　　　　　　　　　　　　　表 8-1

组　号		小组成员		日期	
问　题		问题解答		参考资料	
1. 满堂脚手架的作用是什么？					
2. 满堂脚手架由哪些构件组成？					
3. 如何保证满堂脚手架在使用中安全可靠？					
4. 其他问题					

8.3.2　工艺准备

根据实训施工图纸，在表 8-2 中画出满堂支撑架搭设简图，描述满堂脚手架搭设的步骤与方法，写出支撑架质量控制要点及质量检验方法，写出满堂脚手架搭设工作方案。

满堂支撑架搭设工作方案　　　　　　　　　　　　　　表 8-2

组　号		小组成员		日期	
搭设方案简图					
支撑架受力及荷载传递路线					
搭设施工步骤					
质量控制要点及质量检验方法					
人员分工及时间安排					

8.3.3　材料准备

满堂脚手架由钢管、扣件和垫板等组成。对小组讨论的结果进行总结，根据结构施工图，分组制定满堂脚手架的搭设方案、操作工艺、检查方法，绘制满堂脚手架搭设简图。

本实训拟采用的满堂脚手架搭设方案如图 8-2 所示。

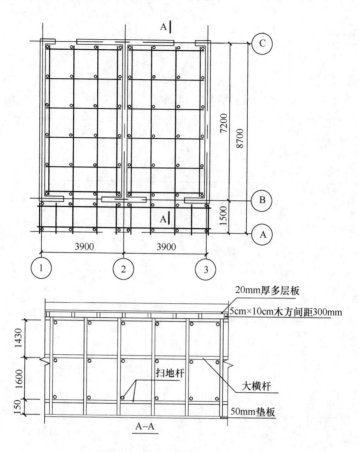

图 8-2　满堂脚手架立面布置图

　　各组根据各自的实训任务，确定所需的材料和数量，填写材料计划表，见表 8-3。由实训指导老师检查结果并评定以后，方可以到材料库领取材料。领取的材料应严格检查，禁止使用不符合规范要求的材料。

材料计划表　　　　　　　　　　　　　　　　　　　表 8-3

序号	名称	规格	长度	单位	数量	备注
1	立杆	Φ48×3.5mm（厚）	3.5m	根	64	按支模高度制作
2	大横杆	Φ48×3.5mm（厚）	6m	根	36	按支模高度制作
3	大横杆	Φ48×3.5mm（厚）	3.5m	根	36	按支模高度制作
4	小横杆	Φ48×3.5mm（厚）	1.8m	根	30	按支模高度制作
5	扣件	直角扣件		个	204	标准扣件
6	扣件	旋转扣件		个	24	标准扣件
7	扣件	对接扣件		个	12	标准扣件
8	垫木	200mm（宽）×50mm（厚）	2m	块	37	
9	底座	可调底座		个	64	

8.3.4 工具及防护用品准备

各组按照施工要求编制实训所需工具及安全防护用品计划表，见表 8-4。经指导老师检查核定后，方可领取工具及物品。各组均要对领取的物品进行登记，经手人须签名。工具搬运到实训现场，应作清点。领取的工具及防护用品应经过严格检查，禁止使用不符合规范要求的工具及防护用品。

工具及防护用品计划　　　　　　　　　　　　　表 8-4

序号	名称	规格	单位	数量	备注
1	手动扳手	8 吋	个	1	每人 1 把
2	安全带	《安全带》GB 6095—2009	付	1	每人 1 付
3	安全帽	《安全帽》GB 2811—2007	顶	1	每人 1 顶
4	手套	《针织民用手套》FZ/T 73047—2013	付	1	每人 1 付

8.3.5 施工注意事项

（1）搭设脚手架前清扫现场，立杆的基础应平整夯实，具有足够的承载力和稳定性。立杆必须垂直放在支垫上，支垫可采用厚度不小于 50mm 的木板。

（2）搭设过程中随时校正控制立杆的垂直偏差和横杆的水平偏差，避免偏差过大。

（3）扣件必须拧紧，严禁松拧或漏拧，直角扣件安装时开口不得向下，以保证安全。

（4）搭设人员要为自己搭设操作平台，作业时站在跳板上，不许站在横杆上。

（5）搭设作业时必须戴好安全帽，佩挂安全带，穿软底鞋，工具应放入工具袋内。

（6）搭设时须两人以上进行配合作业，不得单人进行易失稳、脱手、碰接、滑跌等不安全作业。运输材料或传递物体要绑扎牢固、行为稳妥，禁止抛掷工具、扣件、跳板、短管等。

（7）收工尚未完成搭设时，要确保架子稳定，以免发生意外。

（8）脚手架搭设区域采取隔离措施、专人监护、闲人禁入。

（9）脚手架搭完后，应进行检查验收，合格后才能使用。

8.4 实训操作

教师根据学生编制的脚手架搭设施工方案、材料计划表、工具计划表等，与学生一起讨论，帮助学生纠正搭设方案、工艺和计划中的不妥之处。学生应对方案和计划中的不足之处进行修改，并经确认后方可实施。搭设前，还应对进场的钢管以及配件进行严格的检查，禁止使用不符合规格和质量不合格的杆配件。

8.4.1 满堂脚手架搭设的基本要求

满堂脚手架搭设的基本要求是：横平竖直，整齐清晰，图形一致，连接牢固，受荷安全，不变形，不摇晃。

（1）满堂脚手架要配合施工进度搭设。

（2）立杆平面布设须扣除梁边 200～300mm 后平均布置，其排距和间距按计算确定。

（3）底部立杆采用不同长度的钢管连接时必须交错布置，相邻立杆的连接不应在同一高度，其错开的垂直距离不得小于 500mm，并不得在同一步内。

（4）大横杆应水平设置，接头宜采用对接扣件连接，内外两根相邻纵向水平杆的接头不应在同步同跨内，上下两个相邻接头应错开一跨。

（5）当水平杆采用搭接时，其搭接长度不应小于 1m，不少于 2 个旋转扣件固定，其固定的间距不应少于 400mm，相邻扣件中心至杆端的距离不应小于 150mm。

（6）每根立杆的垫板向上 200mm 处，必须设置纵横向扫地杆，用直角扣件与立杆固定。横向扫地杆固定在紧靠纵向扫地杆下方的立杆上。

（7）立杆的垂直偏差应满足规范要求。在将立杆挑至设计标高时要严格控制顶标高，以保证上部模板安装质量。顶板位置应按设计要求留 2％上拱度。

8.4.2 满堂脚手架的搭设程序

（1）制定施工方案

搭设满堂脚手架需要编写搭设和拆除方案。方案主要包括平面布置，材料要求，搭设、使用、拆除的步骤和要求，安全措施等。如果是±0.000 以下，必须考虑排水措施。

（2）技术交底

搭设前由专业工程师、施工负责人、安全工程师根据搭设方案向搭设人员进行技术交底和安全交底，交待需要采取的安全措施。

（3）材料进场前验收确认

钢管：无裂缝、裂纹、过量腐蚀、压扁、折弯、电气焊割孔，端头整齐，表面光滑。

垫板：尺寸偏差应符合规范要求，钢垫板不得有裂纹、开焊，新、旧钢板均应涂防锈漆。

扣件：无裂缝、裂纹、过量腐蚀、变形、滑丝，螺丝应灵活。

（4）材料进场堆放要求

长短钢管分开堆放整齐；扣件要分类装在箱子里，防止雨淋；钢脚手板要整齐堆放在架子上；木脚手板要整齐的堆放在架子上防止雨淋；材料要划分区域堆放不得影响交通。

（5）脚手架搭设工艺流程

测量放线→放垫板→竖立杆并同时安装扫地杆→搭设纵横向水平杆→搭设纵横向中部水平杆→搭设封顶杆并按要求调整至设计标高。

（6）验收

搭设人员自检；搭设施工负责人、技术负责人按照施工方案和规范要求进行全面检查，检查合格后报项目部技术负责人；项目部施工负责人、技术负责人检查验收，填写相应的验收表，并签字确认。

（7）材料回收要求

拆除后的架设材料应及时收回堆放整齐，不得随处摆放；做到工完料净场地清；把材料分开堆放；堆放高度不能超过 1.5m。

（8）文明施工

现场文明施工代表一个公司的整体形象，现场各类建筑材料、设备应分类摆放整齐。严禁占用道路和堵塞消防通道。定期安排专人对现场进行清理打扫。

8.5　总结评价

8.5.1　实训总结

参照表 8-5，对实训过程中出现的问题、原因以及解决方法进行分析，并与实训小组的同学讨论，将思考和讨论结果填入表中。

实训总结表　　　　　　　　　　　　　　　表 8-5

组号		小组成员		日期	
实训中的问题：					
问题的原因：					
问题解决方案：					
实训体会：					

8.5.2　成果检验

成果验收是对实训进行系统的检验。满堂脚手架搭设完成后，应该按照满堂脚手架的质量检验方法和标准进行满堂脚手架的验收。部分验收内容可参见表 8-6。

满堂脚手架检查验收表　　　　　　　　　　　　表 8-6

序号	验收内容	验收标准	验收结果
1	技术交底	1. 技术交底明确，图示清楚； 2. 有搭设说明、质量措施、安全措施	
2	地面基础	1. 地面如为不良地基已进行处理； 2. 地面应整平压实，必要时表面做硬化处理； 3. 有顺畅的排水系统	
3	立杆	1. 上下层立杆应在同一竖直中心线上，垂直度偏差 1/1000，绝对值不得大于 100mm； 2. 上下层立杆接头宜采用对接扣件，接头水平位置的高度宜错开不少于 15cm； 3. 立杆应设有可调节高度的托板，以方便调节标高、拆卸模板； 4. 立杆与支撑模板的木方或钢方要有可靠地连接； 5. 立杆间距应符合支架结构施工图设计要求； 6. 模板标高（包括预拱度、预留沉降值在内）偏差 0~10mm； 7. 立杆脚应有底座或垫木，并设扫地杆	

续表

序号	验收内容	验收标准	验收结果
4	水平拉杆与剪刀撑	1. 4.5m 以下的立杆应设置不少于两道的纵横水平拉杆，且与立杆有可靠的连接； 2. 超过 4.5m 以上部分每增高 1.5m，相应设一道纵横水平拉杆，且与拉杆有可靠的连接； 3. 剪刀撑与地面的夹角为 45°，最大不应超过 60°； 4. 剪刀撑应自地面一直到扣件的顶部，高支剪刀撑应纵横设置，且不少于两道，其间距不得超过 6.5m。立杆两侧边设置剪刀撑，当结构物跨度 $L \geqslant$ 10m 时，剪刀撑间距不得超过 5m； 5. 剪刀撑与立杆应有可靠的连接	
5	材质	1. 钢管有严重锈蚀、弯曲、压扁或裂缝不得使用； 2. 扣件应有出厂合格证明，有脆裂、变形、滑丝等情况时不得使用	
6	作业环境	1. 模板外侧应有一定的宽度以方便作业，支架系统的宽度应考虑到这一点； 2. 支架平面临边位置应有防护措施，确保施工人员的作业安全	

8.5.3 成绩评定

针对每个学生在实训工作过程中的表现和每个小组的实训工作成果进行评价，采取学生个人自评、小组自评、小组互评及指导老师或专业师傅评价相结合的方式，参照表 8-7 进行实训成绩评定。

实训成绩评定表　　　　　　　　　　表 8-7

考核内容		分值	个人自评	小组自评	小组互评	教师评价
素质	纪律、卫生、文明	10				
	语言表达能力及沟通能力	10				
	团队合作精神	10				
能力	对实训任务工作目标的理解	10				
	实训过程中的组织和管理	10				
	操作步骤清晰明了	10				
	操作动作的正确性	10				
知识	知识掌握的全面性	10				
	知识掌握的熟练程度	10				
	知识掌握的正确性	10				
合计						
成绩评定						

思　考　题

（1）简述满堂脚手架的一般搭设程序。

（2）满堂脚手架搭设的基本要求有哪些？

（3）满堂脚手架搭设需要哪些工具和材料？

（4）满堂脚手架搭设过程及搭设完成后有哪些注意事项？

（5）常用的扣件形式有哪些？分别用于什么情况？

任务 9　模 板 制 作 安 装

模板工程指新浇混凝土成形的模板以及下部支承的一整套构造体系。其中，接触混凝土并控制预定尺寸、形状、位置的构造部分称为模板，支撑和固定模板的杆件、桁架、连接件、金属附件、工作便桥等构成支承体系。模板工程在混凝土施工中是一种临时结构。模板的用途是使新浇筑混凝土成形并养护，待混凝土达到一定强度后即可拆除。图 9-1 为模板安装的照片。

图 9-1　模板安装

9.1　实训任务

完成构造柱、圈梁、楼面梁、现浇楼板的模板搭设任务。采用钢管扣件支撑、胶合板加方木组合的方式进行模板方案设计、材料用量计算、下料、安装，并进行模板工程的质量验收。全过程应有完整的技术资料。

9.2　实训目标

技能目标：能进行模板支撑形式的选择，依据图纸进行模板的放样与下料；能完成砖混结构房屋模板的制作与安装，并能有效控制模板的垂直度、平整度；掌握模板工程的质量、安全检查与验收；能进行模板分项工程资料的编写。

知识目标：掌握不同种类模板材料的性能、规格及适用范围；掌握模板的工程量计算方法；掌握模板工程的施工质量验收规范；掌握模板工程的质量、安全检查方法。了解模板拆除的方法和步骤。

情感目标：养成自主学习的习惯，培养团结协作意识及吃苦耐劳精神。

9.3 实训准备

9.3.1 知识准备

阅读施工图纸，查阅教材及相关资料，解答表 9-1 中的问题，并填入相关参考资料名称，记录学习中所遇到的其他问题。根据实训分组，针对表中的问题分组进行讨论，为完成实训任务打好基础。

问题讨论记录表 表 9-1

组号		小组成员		日期	
问　题		问题解答		参考资料	
1. 构造柱模板体系由哪些部件组成?					
2. 什么叫爆模? 如何防止爆模?					
3. 什么叫起拱? 如何保证楼板模板的平整度?					
4. 其他问题					

9.3.2 工艺准备

根据实训施工图纸，在表 9-2 中画出构造柱模板安装示意图、圈梁模板安装示意图，描述构造柱模板、圈梁模板安装的步骤与方法，写出质量控制要点及质量检验方法。分组对上述内容开展讨论，确定模板安装工作方案。

模板安装工作方案 表 9-2

组号		小组成员		日期	
构造柱模板安装示意图					
圈梁模板安装示意图					
模板安装的步骤及方法					
质量控制要点及质量检验方法					
人员分工及时间安排					

9.3.3 材料准备

构造柱、圈梁、楼面梁、楼面板的模板及支撑有各种形式。以构造柱为例，模板安装形式如图 9-2 所示。

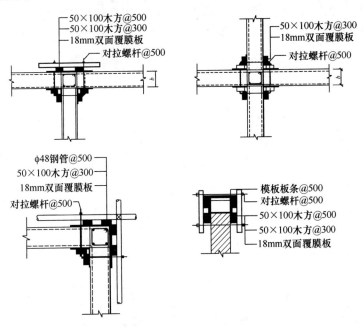

图 9-2　构造柱模板支撑

各组学生根据各自的实训任务，编制模板安装、拆除工程的操作工艺流程，确定楼面板、楼面梁、圈梁、构造柱模板所需的材料和数量，编写材料计划表，见表 9-3。由实训指导老师检查结果并评定以后，方可以到材料库领取材料。领取的材料应严格检查，禁止使用不符合规范要求的材料。

材料计划表　　　　　　　　　　　　　　　　　　　表 9-3

序号	名称	规　格	单位	数量	备　注
1	钢管	Φ48×3.5mm，长 6m	根	36	满堂脚手架使用
2	钢管	Φ48×3.5mm，长 3.5m	根	100	满堂脚手架使用
3	钢管	Φ48×3.5mm，长 1.8m	根	54	满堂脚手架、构造柱模板使用
4	扣件	直角扣件	个	204	标准扣件
5	扣件	旋转扣件	个	24	标准扣件
6	扣件	对接扣件	个	12	标准扣件
7	木模板	1200m×2440mm×20mm	张	25	楼板模板使用
8	竹胶合板	1200mm×2440mm×18mm	张	20	圈梁、XL-1、构造柱使用
9	方木	30mm×50mm，长 3.6m	根	90	圈梁、楼板、构造柱使用
10	木楔		个	若干	
11	碟形扣件	间距 600mm	个	60	圈梁、XL-1 使用
12	对拉螺栓	长 800mm	根	112	
13	钉子	1 吋	kg	2	小组共用
14	铁丝	12 号～14 号	kg	10	小组共用
15	隔离剂	水性脱模剂	桶	1	小组共用
16	刷子	软毛	把	1	每组 1 把

9.3.4 工具及防护用品准备

各组按照施工要求编制实训所需工具及安全防护用品计划表，见表9-4。经指导老师检查核定后，方可领取工具及物品。各组均要对领取的物品进行登记，经手人须签名。工具搬运到实训现场，应作清点。领取的工具及防护用品应认真检查，禁止使用不符合规范要求的工具及防护用品。

工具及安全防护用品计划表   表 9-4

序号	名称	规 格	单位	数量	备 注
1	电钻	16.8V	台	1	多功能型
2	电锯	XK-180	台	1	木工锯片
3	手锯	F-240S	把	1	锯木材用
4	钉锤	黑6P	把	3	每组3把
5	钳子	8吋	把	3	每组3把
6	扳手	8吋	把	3	
7	水准仪	苏一光DSZ2	台	1	每组1台
8	墨斗	自动卷线，线长15m	个	1	每组1个
9	卷尺	5m	把	2	每组1把
10	安全帽	《安全帽》GB 2811—2007	顶	1	每人1顶
11	手套	《针织民用手套》FZ/T 73047—2013	付	1	每人1付
12	安全带	《安全带》GB 6095—2009	付	1	每人1付

9.3.5 施工注意事项

（1）在砖墙上支撑圈梁模板时，防止撞动最上皮砖。

（2）模板支设完后，应保持模内清洁，防止掉入砖头、石子、木屑等杂物。

（3）应保护钢筋不受扰动。

（4）支完模板后禁止挪动板侧支撑。

（5）模板支柱的底部应支在坚实地面上，垫通长脚手板，防止支柱下沉，梁、板模板应按设计要求起拱，防止挠度过大。梁模板上口应用拉杆锁紧，防止上口变形。

9.4 实训操作

教师根据学生编制的模板安装施工方案、材料计划表、工具计划表等，与学生一起讨论，帮助学生纠正安装方案、施工工艺和计划中的不妥之处。学生应对方案和计划中的不足之处进行修改，并经确认后方可实施。

9.4.1 工作步骤

模板安装工艺步骤为：弹线、找标高→支设构造柱、圈梁、板的模板→自检。具体实训操作如下：

（1）仔细阅读施工图。

（2）现场操作区清理。

（3）模板支撑的支承地面平整、打夯。

（4）模板制作、备料。

（5）安装构造柱模板。

（6）安装圈梁侧模板。

（7）安装现浇板底模钢管支撑系统。

（8）安装现浇板底模板。

（9）安装现浇板侧模板。

（10）进行板缝处理。

（11）清理模板表面。

9.4.2　施工要点

（1）构造柱模板

砖混结构的构造柱模板，可采用木模板或定型组合钢模板。为防止浇筑混凝土时模板膨胀，影响外墙平整度，用木模或组合钢模板贴在外墙面上，每隔 1.0m 设 2 根拉条，拉条与内墙拉结，拉条直径不应小于 $\phi16$。拉条穿过砖墙的洞要预留，预留洞位置要求距地面 20cm 开始，每隔 0.5m 留一道，洞的平面位置在构造柱大马牙槎以外一丁头砖处。

外砖内模结构的组合柱，用角模与大模板连接，在外墙处为防止浇筑混凝土挤胀变形，应进行加固，模板贴在外墙面上，然后用拉条拉牢。为防止漏浆，可沿马牙槎边贴专用泡沫垫加密。

（2）圈梁模板

圈梁模板采用木模板上口弹线找平。

圈梁模板采用落地支撑时，下面应垫方木，当用方木支撑时，下面用木楔楔紧。用钢管支撑时，高度应调整合适。

钢筋绑扎完以后，校正模板上口宽度，并用木撑进行定位，用铁钉临时固定。如采用组合钢模板，上口应用卡具卡牢，保证圈梁的尺寸。

砖混、外砖内模结构的外墙圈梁，用横带扁担穿墙，平面位置距墙两端 240mm 开始留洞，间距 500mm 左右。

（3）现浇楼板模板

顶板采用钢管 U 型托支撑体系，模板采用竹胶板。支撑体系间距为 500mm，用 U 型托调节好高度后，顶板用木方作隔栅，并按《混凝土结构工程施工质量验收规范》GB 50204—2015 的要求起拱。模板缝和模板与圈梁的缝隙用木条堵实，防止漏浆。

9.5　总结评价

9.5.1　实训总结

参照表 9-5，对实训过程中出现的问题、原因以及解决方法进行分析，并与实训小组的同学讨论，将思考和讨论结果填入表中。

实训总结表 表 9-5

组号		小组成员			日期	

实训中的问题：

问题的原因：

问题解决方案：

实训体会：

9.5.2 成果检验

学生在教师指导下共同进行模板工程质量验收检查，填写表 9-6。学生按实训小组对自己在实训中的表现以及所掌握的知识进行检查评价，完成表 9-7 的填写。小组间进行学生互评，完成表 9-8 的填写。教师根据实训过程进行综合评价，填写表 9-9。

模板工程安装检查表 表 9-6

序号	测定项目		允许偏差（mm）	检验方法及评分标准	分值	测点					验收评定
						1	2	3	4	5	
1	构造柱、圈梁、梁轴线位置		5	钢尺检查；超过 5mm，每处扣 5 分，超过 3 处不得分，1 处超过 8mm 不得分	15						
2	梁、板底模上表面标高		±5	水准仪或拉线、钢尺检查；超过 5mm，每处扣 5 分，超过 3 处不得分，1 处超过 8mm 不得分	15						
3	截面尺寸	梁	+4，−5	钢尺检查；超过 5mm，每处扣 5 分，超过 3 处不得分，1 处超过 8mm 不得分	15						

续表

序号	测定项目	允许偏差（mm）	检验方法及评分标准	分值	测点					验收评定
					1	2	3	4	5	
4	相邻两板表面高低差	2	钢尺检查；超过 2mm，每处扣 5 分，超过 3 处不得分，1 处超过 3mm 不得分	10						
5	板表面平整度	5	2m 靠尺和塞尺检查；超过 5mm，每处扣 5 分，超过 3 处不得分，1 处超过 8mm 不得分	10						
6	模板的接缝不应漏浆	—	观察检查；拼缝不严每处扣 3 分，超过 3 处不得分	10						
7	在浇筑混凝土前，木模板应浇水湿润，但模板内不应有积水	—	观察检查；湿润不足每处扣 2 分，超过 2 处不得分，模板内有积水得分	5						
8	模板内的杂物应清理干净	—	观察检查；有杂物每处扣 3 分，超过 3 处不得分	10						
9	支架的立柱应铺设垫板	—	观察检查；立杆下不设垫板每处扣 3 分，超过 3 处不得分	10						
	总分			100						

模板制作、安装小组自检表　　　　　　　　表 9-7

实训项目		实训时间		实训地点		
姓名				指导教师		
评价内容					分值	得分
知识要点		模板内业资料填写			10	
		构造柱、圈梁、楼板模板下料尺寸允许偏差			15	
		构造柱、圈梁、楼板模板安装的位置、标高、接缝			15	
操作要点		记录所需工具			10	
		模板加工制作、安装步骤、进度			15	
		工程内业资料的填写			15	
操作心得					20	
考核员			考核日期		总分	100

模板制作、安装小组互评表　　表 9-8

实训班级：_____　　实训小组：_____　　　　　　　评价日期：_____

评价项目	分值	评价小组					
		第　组	第　组	第　组	第　组	第　组	第　组
工程实体	80						
工程资料	10						
工作进度	5						
职业素质	5						
成绩合计	100						
小组间互评平均成绩							

教师综合评价表　　表 9-9

评价项目		评价标准	分值	得分
考勤		无迟到、早退、旷课现象	10	
工作过程	工程实体	实训成果符合验收标准要求	60	
	工程资料	能进行施工资料的归档	5	
	综合素质	态度端正，工作认真、主动。与小组成员之间能协调合作。做到安全生产，文明施工，保护环境，爱护公共设施	10	
计划执行	进度计划	是否与计划相符	5	
	材料计划	是否与计划相符	5	
	劳动力安排	是否与计划相符	5	
合计			100	

9.5.3　成绩评定

针对每个学生在实训工作过程中的表现和每个小组的实训工作成果进行评价，采取学生个人自评、小组自评、小组互评及指导老师或专业师傅评价相结合的方式，参照表 9-10 进行实训成绩评定。

实训成绩评定表　　表 9-10

	考核内容	分值	个人自评	小组自评	小组互评	教师评价
素质	纪律、卫生、文明	10				
	语言表达能力及沟通能力	10				
	团队合作精神	10				
能力	对实训任务工作目标的理解	10				
	实训过程中的组织和管理	10				
	操作步骤清晰明了	10				
	操作动作的正确性	10				
知识	知识掌握的全面性	10				
	知识掌握的熟练程度	10				
	知识掌握的正确性	10				
合计		100				
成绩评定						

思 考 题

（1）模板安装有哪些方式？

（2）简述模板工程安装的工艺流程。

（3）简述模板工程拆除的工艺流程。

（4）构造柱模板安装时的注意事项有哪些？

（5）针对现场的模板安装工程，指出存在的缺陷及对混凝土结构的影响和危害，并提出整改方案和预防措施。

任务 10　圈梁钢筋制作安装

　　圈梁是设置在砌体结构房屋外墙和内墙中连续封闭的钢筋混凝土梁系结构。通常设在房屋基础上部、屋盖下部及楼盖标高部位。设在房屋基础上部的圈梁也称为地梁。圈梁的作用是与构造柱共同形成一个封闭的钢筋混凝土空间构架，约束墙体变形，提高砖石砌体的承载力，减小由于地基不均匀沉降或较大振动荷载等对房屋引起的不利影响，改善结构在地震作用下的延展性能，增加房屋的整体性。当楼板为现浇钢筋混凝土结构时，圈梁与楼板连成一体共同工作。图 10-1 为圈梁钢筋安装的照片。

图 10-1　圈梁钢筋安装

10.1　实训任务

　　（1）识读图纸，了解圈梁的结构布置和截面尺寸，确定圈梁钢筋种类、型号、位置。
　　（2）编制钢筋配料单，对钢筋进行调直、除锈、切断、弯曲成形等加工。
　　（3）在立于地面的支架上绑扎圈梁钢筋骨架，注意错开钢筋接头位置。
　　（4）将绑扎成形的圈梁钢筋骨架用塔吊或人工搬运至墙上就位，安置垫块，绑扎接头。
　　（5）进行钢筋隐蔽工程检查验收。

10.2　实训目标

　　技能目标：能根据施工图纸进行圈梁钢筋的放样下料；能正确使用设备、工具完成圈梁钢筋的加工、安装、绑扎操作；具有正确进行各工序质量检验、评定的能力，能进行圈梁钢筋的验收，填写相关验收资料。

知识目标：了解圈梁钢筋布置的构造要求及其受力原理，了解钢筋加工的工艺过程、技术标准；了解钢筋工使用的设备、工具的工作性能；熟悉钢筋工的操作规程和安全注意事项，熟悉钢筋的验收标准。

情感目标：培养学生勤奋、诚恳、虚心、好学的学习态度；培养学生良好的职业道德、公共道德和吃苦耐劳精神；形成团队意识；树立质量意识和科学严谨、实事求是的工作作风和爱岗敬业的职业精神。

10.3　实训准备

开展本实训项目时，墙体已经砌至圈梁梁底设计标高，并通过质量验收。墙上水平线已弹好，模板已经支设，模板尺寸符合钢筋绑扎要求；模板内杂物及垃圾已清除干净；模板上已弹好水平标高线。各种规格的钢筋按施工平面图布置要求，按绑扎顺序、不同型号、规格整齐堆放在规定的位置。

圈梁的截面尺寸为：240mm×240mm。

10.3.1　知识准备

阅读施工图纸，查阅教材及相关资料，解答表 10-1 中的问题，并填入相关参考资料名称，记录学习中所遇到的其他问题。根据实训分组，针对表中的问题分组讨论，为完成实训任务打好基础。

问题讨论记录表　　　　　　　　　　　　　　　　表 10-1

组号		小组成员		日期	
问　　题		问题解答		参考资料	
1. 本工程圈梁是怎么布置的？为什么要这样布置？					
2. 圈梁纵向钢筋的搭接、锚固有哪些要求？					
3. 圈梁与构造柱交汇区域钢筋如何布置？					
4. 其他问题					

10.3.2　工艺准备

根据实训施工图纸，在表 10-2 中画出圈梁的截面配筋图、圈梁纵向钢筋搭接锚固构造，写出圈梁钢筋绑扎安装操作步骤，写出钢筋绑扎安装质量控制要点及质量检验方法，写出圈梁钢筋绑扎安装工作方案。

圈梁钢筋绑扎安装工作方案　　　　　　　　　　　　　表 10-2

组号		小组成员		日期	
圈梁截面配筋图、纵向钢筋搭接锚固构造					
圈梁与构造柱交汇处节点配筋构造					
圈梁钢筋绑扎安装操作步骤					
质量控制要点及质量检验方法					
人员分工及时间安排					

10.3.3 材料准备

（1）圈梁箍筋下料长度计算

箍筋尺寸如图 4-3 所示，其下料长度可按简化公式计算：

$$箍筋下料长度 = (a+b) \times 2 + 26.5d$$

其中：a、b 为箍筋内空尺寸。混凝土保护层厚度 25mm，箍筋钢筋直径 6mm，因此，$a = 240 - 25 \times 2 - 6 \times 2 = 178$mm，$b = 240 - 25 \times 2 - 6 \times 2 = 178$mm。

1 只箍筋的下料长度 $= (178 + 178) \times 2 + 26.5 \times 6 = 871$mm

Ⓑ、Ⓒ轴每跨箍筋数量：$(3900 - 240)/200 + 1 = 19.3$，即 20 只箍筋。

①、②、③轴圈梁箍筋数量：$(7200 - 2100 - 120)/200 + 1 = 25.9$，即 26 只箍筋。

（2）圈梁纵向钢筋下料长度计算

1 根圈梁需 4 根纵筋。假定现场钢筋长度为 6m，则①、②、③轴上的圈梁纵筋可不用搭接，而Ⓑ、Ⓒ轴上的圈梁需要搭接，下料时要注意连接区段内搭接接头面积百分率为 50%，因此需分两次搭接钢筋。钢筋搭接长度 $L_{le} = 55d = 660$mm。同时还需要注意：圈梁上部钢筋搭接位置在跨中，下部钢筋搭接位置在支座处，以此来确定圈梁钢筋的长度。

（3）悬挑梁箍筋下料长度计算

每道横墙上均有阳台悬挑梁，如图 10-2 所示。

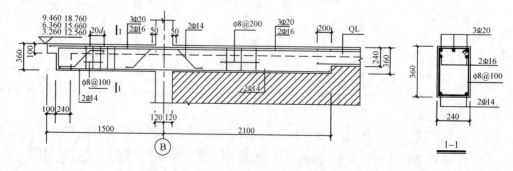

图 10-2　悬挑梁配筋图

悬挑梁截面尺寸为 240mm×360mm，a＝240－25×2－6×2＝178mm，b＝360－25×2－8×2＝294mm，按简化公式计算

箍筋下料长度＝(a＋b)×2＋26.5d＝(178＋294)×2＋26.5×8＝1156mm

悬挑段箍筋数量：(1500－100－120)/100＋1＝13.8，即 14 只箍筋

平衡段箍筋数量：(2100－120)/200＋1＝10.9，即 11 只箍筋。

每根悬挑梁共需 25 只箍。

（4）悬挑梁纵向钢筋下料长度计算

悬挑梁纵向钢筋下料长度计算方法同上，也可列表计算 1 根悬挑梁钢梁工程量，见表10-3。

钢筋下料单　　　　　　　　　　　　表 10-3

构件名称	钢筋名称	钢筋编号	规格	直径 (mm)	单根下料长度 (mm)	根数	总长 (m)	重量 (kg)
XL	梁顶纵筋	①	Φ	20	4120	3	12.36	30.28
	梁顶纵筋	②	Φ	16	4136	2	8.27	13.07
	梁底纵筋	③	Φ	14	3804	2	7.61	9.21
	鸭筋	④	Φ	14	1208	2	2.42	2.93
	箍筋	⑤	Φ	6	294	25	7.35	1.63

按"长度×每米长质量"计算构造柱各类钢筋的质量。Φ12 钢筋每米长的质量为0.888kg，Φ8 钢筋每米长的质量为 0.395kg。也可继续完成钢筋下料单编制。

（5）垫块

钢筋的混凝土保护层厚度通过设置垫块保证。垫块可采用水泥砂浆垫块或塑料卡。水泥砂浆垫块一般做成 30mm×30mm 的"豆腐干块"，其厚度视保护层厚度而定。在构造柱内垫块应沿柱钢筋骨架四边布置，在圈梁内垫块应布置在梁钢筋骨架底部和左右侧。在梁、柱的纵向，垫块的间距一般在 1m 左右。钢筋的保护层厚度不是从纵向受力钢筋算起，而是从最外层的钢筋（如箍筋、分布筋、构造筋等）的外缘算起，因此当垫块厚度等于保护层厚度时，垫块应绑在箍筋外侧。

各组根据各自的实训任务，确定所需的材料和数量，编写材料计划表，见表10-4。由实训指导老师检查结果并评定以后，方可以到材料库领取材料。领取的材料应认真检查，禁止使用不符合规范要求的材料。

材料计划表　　　　　　　　　　　　表 10-4

序号	名称	级别（牌号）	规格	单位	数量	备注
1	纵筋	HRB400	直径 20mm	kg	91	
2	纵筋	HRB400	直径 16mm	kg	78	进场验收，具备 整套质量合格 证明文件
3	纵筋	HRB400	直径 14mm	kg	36	
4	纵筋	HRB400	直径 12mm	kg	146	
5	箍筋	HPB300	直径 8mm	kg	8.9	
6	箍筋	HPB300	直径 6mm	kg	17.8	
7	铁丝	20 号或者 22 号	长 150～250mm	把	若干	扎制成把
8	垫块	水泥砂浆	30mm×30mm	个	若干	控制保护层厚度

10.3.4 设备工具及防护用品准备

各组按照施工要求编制实训所需设备、工具及安全防护用品计划表,见表10-5。经指导老师检查核定后,方可领取工具及物品。各组均要对领取的物品进行登记,经手人须签名。工具搬运到实训现场,应作清点。领取的工具及防护用品应认真检查,禁止使用不符合规范要求的设备、工具及防护用品。

设备、工具及安全防护用品计划表 表10-5

序号	名称	规 格	单位	数量	备 注
1	钢筋调直机	GT4-14型	台	1	各小组公用
2	钢筋切断机	GW40型	台	1	
3	钢筋弯曲机	GW40型	台	1	
4	钢筋切断钳	SC-16	把	1	每组1把,切断小直径钢筋
5	工作台	1.2m×3.0m	台	1	每组1台
6	开口扳手	8吋	把	2	每组2把
7	小锤	300g圆柄	把	2	每组2把
8	钢丝刷	铁皮底座	把	1	根据钢筋锈蚀情况使用
9	麻袋布	幅宽30cm	片	若干	
10	钢筋三脚架	自制,绑钢筋骨架使用	个	4	每组4个
11	钢筋钩	长25cm	把	4	每组4把
12	计算器	具有科学函数功能	只	1	每人1只
13	石笔	100mm长	块	1	每组1块
14	安全帽	《安全帽》GB 2811—2007	顶	1	每人1顶
15	手套	《针织民用手套》FZ/T 73047—2013	付	1	每人1付

10.3.5 施工注意事项

(1) 施工操作时,佩戴手套、安全帽。

(2) 在现场要听指导老师和现场师傅的指挥,不能打闹。操作要符合规范要求,不能随意启动机械设备。

(3) 多人合运钢筋,起、落、转、停动作要一致,上下传送人员不得站在同一垂直线上,起吊钢筋骨架,下方禁止站人,待骨架降落到离地面1m以内方可靠近,就位支撑好后方可脱钩。

（4）圈梁钢筋骨架绑扎时应注意绑扣方法，防止钢筋变形，圈梁钢筋采用套扣法绑扎。

（5）放置砖墙拉结筋时会触碰圈梁箍筋，应在砌完后合模前进行修整。

10.4 实训操作

教师根据学生编制的钢筋绑扎施工方案、材料计划表、工具计划表等，与学生讨论，帮助学生纠正施工方案、绑扎工艺和计划中的不妥之处。学生对方案和计划中的不足之处进行修改，并确认后方可实施。圈梁钢筋施工的主要工艺流程及施工要求详见表 10-6。

圈梁工艺计划表 表 10-6

序号	工艺过程	施工要求
1	钢筋进场验收	钢筋应有合格证、出厂检测报告和进场复检报告
2	钢筋调直、切断、弯曲	按钢筋配料单加工
3	预制钢筋骨架	将预制的钢筋骨架编号
4	圈梁钢筋骨架安装	人工抬动钢筋骨架时保证不变形
5	圈梁钢筋节点处理	圈梁与构造柱交叉处，转角处，内、外墙圈梁丁字交叉处按规范要求设置附加筋
6	圈梁钢筋隐蔽验收	验收资料完整

10.4.1 材料验收与技术交底

（1）材料验收

按计划准备各种材料，进行钢筋外观检查和验收（表 10-7），填写送样委托单（表 10-8）。

钢筋进场检查验收记录 表 10-7

工程名称								检查日期		
序号	规格	牌号	数量（t）	生产单位	供货单位	质量证明文件	表面质量	钢筋直径（mm）检查	检查结论	备注
1										
2										
3										
4										
5										

施工单位项目技术负责人（签章）：

材料员：

监理工程师（签章）

钢筋试件见证取样送样委托单

表 10-8

委托编号：

工程名称								工程地点		
委托单位								施工单位		
建设单位								监理单位		
见证单位					见证人（签字）				送样人	
样品来源				委托日期	年 月 日			联系电话		
检验编号	试件名称	强度等级牌号代号	规格	钢筋标志	表面形状	生产厂家	送样数量	代表批量	使用部位	原检验编号
检验项目										
收样日期	年 月 日	收样人			预定取报告日期		年 月 日		付款方式	
说明	1. 见证单位为建设单位或监理单位，见证人为其单位具有初级以上技术职称或具有建筑施工专业知识的持证人员。 2. 见证人员及取样人员对试样的代表性和真实性负有法定责任。 3. 见证人员有责任对试样进行监护，并和送样人一起将试样送到检测试验机构，然后在委托单上签字，否则，责任由见证人员负责。 4. 检测试验报告上应注明见证单位和见证人，否则，其报告一律无效									

注：本委托单共 4 联，其中第一联：存档（黑）；第二联：交试验室（绿）；第三联：委托单位取报告凭证（黄）；
第四联：交见证单位（红）。

（2）技术交底

熟悉图纸，根据施工图的配筋要求和钢筋绑扎方案展开讨论，明确各种钢筋的型号、形状、位置、作用，确定具体的施工措施，编制圈梁钢筋安装的技术交底，见表 10-9。

技术交底　　　　　　　　　　　　　　　　　　　表 10-9

施工小组名称		单位工程名称	
施 工 部 位		施 工 内 容	
技术交底内容	圈梁钢筋安装		
交底人签名		接受交底负责人签名		交底时间	年 月 日

10.4.2　梁钢筋骨架绑扎

圈梁一般采用预制钢筋骨架的安装方法，按编号吊装就位进行组装后支模板，也可以采用现场绑扎钢筋，再支模板的方法施工。如在模内绑扎时，按图纸设计要求间距，在模板侧面画箍筋位置线，放箍筋后穿受力钢筋。箍筋搭接处应沿受力钢筋互相错开。

按预制钢筋骨架的安装方法制作圈梁钢筋，绑扎顺序为：摆好支架→放置上部纵筋（有接头先搭接绑扎）→画箍筋位置线（在上部纵筋上画）→套圈梁箍筋→穿下部纵筋（有接头时在正确的位置绑扎搭接）→绑扎箍筋（弯钩叠合沿纵筋交错绑扎）。

圈梁的钢筋宜用兜扣法绑扎，梁端第 1 个箍筋应设置在距离柱节点边缘 50mm 处。钢筋骨架绑扎好后，按施工平面布置要求，按骨架不同长度、规格在指定地点垫平，堆放整齐。

10.4.3　钢筋骨架安装

（1）吊装

往楼层上吊运钢筋存放时，应清理好存放地点，以免变形，不得踩踏已绑扎好的钢筋，圈梁钢筋骨架安装时不得碰动梁底砖。

（2）安装

1）圈梁与构造柱钢筋交叉处，圈梁钢筋放在构造柱受力钢筋内侧。圈梁钢筋在构造柱部位搭接时，其搭接倍数或锚入柱内长度要符合设计要求。

2）圈梁钢筋搭接长度要符合设计及《混凝土结构工程施工质量验收规范》GB 50204—2015 附录 B 中对纵向受力钢筋搭接长度的有关要求，见表 10-10。

纵向受力钢筋最小搭接长度　　　　　　　　　　　表 10-10

钢筋类型		混凝土强度等级			
		C15	C20~C25	C30~C35	≥C40
光圆钢筋	HPB300	$45d$	$35d$	$30d$	$25d$
带肋钢筋	HRB335	$55d$	$45d$	$35d$	$30d$
	HRB400、RRB400	—	$55d$	$40d$	$35d$

注：两根直径不同钢筋搭接长度，以较粗钢筋的直径计算。

3）圈梁钢筋应相互交圈，在内墙交接处、墙大角转角处的锚固长度，均要符合规范要求。

4）楼梯间及洞口等部位的圈梁钢筋被切断时，应搭接补强，构造方法应符合设计要求，标高不同的高低圈梁钢筋，应按圈梁高低搭接详图的要求搭接或连接。

5）圈梁钢筋骨架按位置就位后，应加钢筋保护层垫块，以控制受力钢筋的保护层。保护层可绑扎垫块或塑料卡（绑于箍筋外皮，间距 1000mm）。

10.5 总结评价

10.5.1 实训总结

参照表 10-11，对实训过程中出现的问题、原因以及解决方法进行分析，并与实训小组的同学讨论，将思考和讨论结果填入表中。

实训总结表 表 10-11

组号		小组成员		日期	
实训中的问题：					
问题的原因：					
问题解决方案：					
实训体会：					

10.5.2 成果检验

圈梁钢筋隐蔽工程验收内容有：

（1）纵向受力钢筋，检查钢筋品种、直径、数量、位置、间距、形状和尺寸。

（2）钢筋的连接方式、接头位置、接头数量、接头面积百分率。

（3）箍筋的品种、规格、数量、位置、间距；预埋件的规格、数量、位置。

（4）钢筋保护层厚度等。

从钢筋入场检验至圈梁钢筋安装完毕，要保证圈梁安装质量需进行施工过程控制，按照钢筋加工验收、钢筋绑扎安装验收、钢筋综合验收 3 个方面进行验收。

圈梁钢筋加工考核验收表见表 10-12，圈梁钢筋绑扎安装考核验收表见表 10-13，圈梁钢筋施工综合考核验收表见表 10-14。

圈梁钢筋加工考核验收表 表 10-12

实训项目			时间		地点		
姓名					指导教师		
序号	检验内容		检验要求	检验方法	评分标准	分值	得分
1	钢筋进场验收		进场验收表的填写 送样委托单的填写	检查	表格填写正确	5	
2	工作程序		正确的加工程序	观察	错 1 处扣 1 分	5	
3	钢筋切断		切断位置符合要求	检查	错 1 处扣 1 分	10	
4	箍筋末端弯钩	弯钩角度	135°	检查	错 1 处扣 1 分	10	
		弯弧内径	不应小于 4d，且不应小于受力钢筋直径	检查	错 1 处扣 1 分	10	
		弯后平直段长	不应小于 10d	检查	不发生	10	
5	箍筋内径尺寸		偏差不大于 ±5mm	钢尺检查	错 1 处扣 1 分	10	
6	平整度		不扭曲	检查	不发生	10	
7	安全施工		安全意识强	巡视	符合要求	5	
8	文明施工		活完场清	巡视	符合要求	5	
9	施工进度		按时完成	巡视	符合要求	10	
10	工作态度		团结守纪	巡视	符合要求	10	
考核员			考核日期		成绩	100	

圈梁钢筋绑扎安装考核验收表 表 10-13

项目			时间		地点		
姓名					指导教师		
序号	检验内容		检验要求	检验方法	评分标准	分值	得分
1	工作程序		正确	观察	符合要求	10	
2	搭接接头绑扎		方法正确	检查	符合要求	10	
3	兜扣法		方法正确	检查	错 1 处扣 1 分	10	
4	钢筋骨架长尺寸偏差		±10mm	钢尺检查	不发生	10	
5	钢筋骨架宽、高尺寸偏差		±5mm	钢尺检查	错 1 处扣 1 分	10	
6	受力钢筋	间距	±10	钢尺量两端、中间各一点，取最大值	错 1 处扣 1 分	5	
7		排距	±5		错 1 处扣 1 分	5	
8		保护层厚度	±5mm	钢尺检查	错 1 处扣 2 分	5	
9	绑扎箍筋、横向钢筋间距		±20	钢尺量连续三档，取最大值	错 1 处扣 1 分	10	
10	安全施工		安全意识强	巡视	符合要求	5	
11	文明施工		活完场清	巡视	符合要求	5	
12	施工进度		按时完成	巡视	符合要求	10	
13	工作态度		团结守纪	巡视	符合要求	5	
考核员			考核日期		成绩	100	

圈梁钢筋施工综合考核验收表 表 10-14

实训项目		实训时间		实训地点		
姓名				指导教师		
评价内容					分值	得分
知识要点	钢筋下料长度允许偏差				15	
	圈梁钢筋加工的形状、尺寸				10	
	圈梁钢筋安装位置、规格、接头、保护层				15	
操作要点	施工准备工作及施工组织				10	
	圈梁钢筋加工步骤、验收				15	
	圈梁钢筋安装步骤、验收				15	
操作心得					20	
考核员		考核日期		总分	100	

10.5.3 成绩评定

实训成绩也可针对每个学生在实训工作过程中的表现和每个小组的实训工作成果进行评价，采取学生个人自评、小组自评、小组互评及指导老师或专业师傅评价相结合的方式，参照表 10-15 进行实训成绩评定。

实训成绩评定表 表 10-15

考核内容		分值	个人自评	小组自评	小组互评	教师评价
素质	纪律、卫生、文明	10				
	语言表达能力及沟通能力	10				
	团队合作精神	10				
能力	对实训任务工作目标的理解	10				
	实训过程中的组织和管理	10				
	操作步骤清晰明了	10				
	操作动作的正确性	10				
知识	知识掌握的全面性	10				
	知识掌握的熟练程度	10				
	知识掌握的正确性	10				
合计		100				
成绩评定						

思 考 题

（1）圈梁钢筋下料时，如何考虑钢筋绑扎接头位置？

（2）热轧钢筋进场验收包括哪些方面？

（3）圈梁钢筋验收有哪些内容？

（4）简述圈梁钢筋绑扎安装的主要步骤。

（5）简述实际操作过程中小组成员的分工和合作。

任务 11　楼板钢筋制作安装

　　楼板是分隔上下层的水平构件。楼板结构的作用是把楼面上的荷载传递给楼板下的梁或承重墙。在多层及高层建筑中，楼板对提高建筑结构的整体性、改善结构的抗风及抗震性能有重要作用。施工时要根据结构施工图，进行楼板钢筋的加工、制作和安装。图11-1为楼板钢筋安装的照片。

图 11-1　楼板钢筋安装

11.1　实训任务

　　（1）识读楼板结构配筋图，熟悉钢筋构造及做法，确定钢筋种类、型号，编制钢筋配料单，对钢筋进行进场验收。

　　（2）将钢筋堆放场地进行清理、平整，准备好垫木；对钢筋进行调直、除锈、切断、弯折；按钢筋绑扎顺序分类堆放。

　　（3）核对钢筋的级别、型号、形状、尺寸及数量是否与设计图纸及加工配料单相同。

　　（4）复核模板安装质量。在楼板钢筋位置弹线并经检查符合要求。

　　（5）将钢筋运至作业面，绑扎楼板钢筋。

　　（6）安设垫块，保证保护层厚度，进行钢筋隐蔽工程验收。

11.2　实训目标

　　技能目标：能正确识读图纸，按图纸进行楼板钢筋的放样下料；能正确使用工具、设备，完成钢筋加工、摆放、绑扎操作；能正确进行各工序质量检验、评定，填写相关资料。

知识目标：了解钢筋操作使用的工具、材料的性质；能正确判断各种类钢筋的性能及作用；熟悉钢筋工的操作规程和安全注意事项；掌握钢筋的加工、制作、安装方法，能正确理解钢筋施工的技术标准。

情感目标：培养学生诚恳、虚心、勤奋好学的学习态度和科学严谨、实事求是、爱岗敬业的工作作风；培养学生良好的职业道德、公共道德和吃苦耐劳、勇于探索、不断创新的精神；树立质量意识，以满足专业岗位的要求。

11.3　实训准备

11.3.1　知识准备

阅读施工图纸，查阅教材及相关资料，解答表 11-1 中的问题，并填入相关参考资料名称，记录学习中所遇到的其他问题。根据实训分组，针对表中的问题分组进行讨论，为完成实训任务打好基础。

问题讨论记录表　　　　　　　　　　　　表 11-1

组号		小组成员		日期	
问　　题		问题解答			参考资料
1. 楼板中需要布置哪几种钢筋？其作用分别是什么？					
2. 卫生间的隔墙直接砌在楼板上，对楼板受力有什么影响？					
3. 楼板中钢筋的锚固与搭接有什么构造要求？					
4. 其他问题					

11.3.2　工艺准备

　　根据实训施工图纸，在表 11-2 中画出楼板平面布筋图、截面配筋图，画出楼板平面四角附加钢筋构造，写出钢筋安装操作步骤、钢筋绑扎安装质量控制要点及质量检验方法，写出楼板钢筋绑扎安装工作方案。

楼板钢筋绑扎安装工作方案　　　　　　　　　　　　　表 11-2

组号		小组成员			日期	
楼板平面布筋图、截面配筋图						
楼板平面四角附加钢筋构造						
楼板钢筋安装操作步骤						
质量控制要点及质量检验方法						
人员分工及时间安排						

11.3.3　材料准备

　　各组根据各自的实训任务，参考图 1-5 和图 11-2，确定所需的材料和数量，编写表 11-3、表 11-4。由实训指导老师检查结果并评定以后，方可以到材料库领取材料。领取的材料应认真检查，禁止使用不符合规范要求的材料。

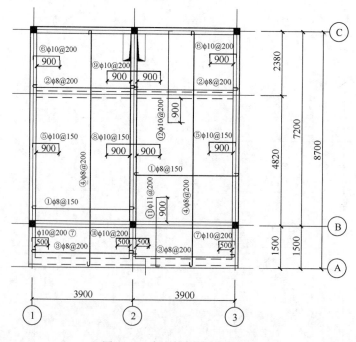

图 11-2　实训结构楼板配筋图

楼板钢筋下料单　　　　　　　　　　　　表 11-3

构件名称	钢筋名称	钢筋编号	规格	简　图	单根下料长度(mm)	根数	总长(m)	重量(kg)
楼板①～③×A～C轴	板底受力筋	①	Φ8	4005　φ8@150	4100	64	262.40	103.65
		②	Φ8	4005　φ8@200	4100	24	98.40	38.87
		③	Φ8	4005　φ8@200	4100	14	57.40	22.67
		④	Φ8	8790　φ8@200	8900	40	356.00	140.62
	板面负弯矩筋	⑤	Φ10	210　1125　80　Φ10@150	1375	62	85.25	52.60
		⑥	Φ10	210　1125　80　Φ10@200	1375	24	33.00	20.36
		⑦	Φ10	210　725　80　Φ10@200	975	14	13.65	8.42
		⑧	Φ10	80　2040　80　Φ10@150	2160	31	66.96	41.31
		⑨	Φ10	80　2040　80　Φ10@200	2160	12	25.92	15.99
		⑩	Φ10	80　1240　80　Φ10@200	1380	7	9.66	5.96
		⑪	Φ10	80　2520　80　Φ10@200	2645	38	100.51	62.01
		⑫	Φ10	80　3505　210　Φ10@200	3775	38	143.45	88.51
	板面分布筋	⑬	Φ6	2160　φ6@200	2160	72	155.52	34.53
		⑭	Φ6	2960　φ6@200	2960	12	35.52	7.89
		⑮	Φ6	3080　φ6@200	3080	40	123.20	27.35
	板洞附加筋	⑯	Φ12	2380　10Φ12	2380	10	23.80	21.13
		⑰	Φ12	1485　6Φ12	1485	6	8.91	7.91
		⑱	Φ10	1270　2Φ10	1270	2	2.54	1.57
	马凳筋	⑲	Φ6	120　70　120　70　120	452	49	22.15	4.92

材料计划表　　　　　　　　　　　　表 11-4

序号	材料名称	规格品种	单位	数量	备　注
1	HPB300 钢筋	Φ8	kg	306	板底受力筋
2	HPB300 钢筋	Φ10	kg	295	板面负弯矩筋

序号	材料名称	规格品种	单位	数量	备 注
3	HPB300 钢筋	Φ10	kg	2	楼板洞口边附加筋
4	HPB300 钢筋	Φ12	kg	8	楼板洞口边附加筋
5	HPB300 钢筋	Φ6	kg	70	板面绑扎分布筋
6	铁丝	20 号或 22 号	kg	5	长 15~25cm，扎成把
7	保护层垫块或塑料卡	保护层厚度	块	80	按间距 1000mm 计算数量
8	马凳筋	70mm 高	只	49	间隔 1500mm

11.3.4 设备、工具及防护用品准备

各组按照施工要求编制实训所需设备、工具及安全防护用品计划表，见表 11-5。经指导老师检查核定后，方可领取工具及物品。各组均要对领取的物品进行登记，经手人须签名。工具搬运到实训现场，应作清点。领取的设备工具及防护用品应经过认真检查，禁止使用不符合规范要求的工具及防护用品。

设备、工具及安全防护用品计划表　　　　表 11-5

序号	名 称	规 格	单位	数量	备 注
1	钢筋调直机	GT4-14 型	台	1	
2	钢筋切断机	GW40 型	台	1	各小组公用
3	钢筋弯曲机	GW40 型	台	1	
4	钢筋切断钳	SC-16 型	把	1	每组 1 把，切断小直径钢筋
5	钢筋加工工作台	1.2m×3.0m	台	1	每组 1 台
6	扳手	8 吋	把	2	每组 2 把
7	小锤	300g 重	把	2	每组 2 把
8	钢丝刷	铁皮底座	把	1	根据钢筋锈蚀情况使用
9	麻袋布	幅宽 30cm	片	若干	
10	钢筋钩	25cm	把	4	每组 4 把
11	计算器	具有科学函数功能	只	1	每人 1 只
12	石笔	100mm 长	支	1	每组 1 支
13	安全帽	《安全帽》GB 2811—2007	顶	1	每人 1 顶
14	手套	《针织民用手套》FZ/T 73047—2013	付	1	每人 1 付

11.3.5 施工注意事项

（1）向楼板上临时吊放钢筋时，应清理好存放地点，垫平放置，以免变形，且钢筋下料长度不宜过长，以不超过 8m 为宜。

（2）钢筋在堆放过程中，要保持表面洁净，不允许有油渍、泥土或其他杂物污染钢筋；贮存期不宜过久，以防钢筋锈蚀。

（3）钢筋绑扎时用尺杆画线，随时找正调直，防止板筋不顺直，位置不对。

（4）与其他工种紧密配合，避免踩踏、碰动已绑好的钢筋，严禁踩踏上层钢筋。

11.4 实训操作

教师根据学生编制的钢筋绑扎施工方案、材料计划表、工具计划表等，与学生讨论，帮助学生纠正施工方案、绑扎工艺和计划中的不妥之处。学生应对方案和计划中的不足之处进行修改，并经确认后方可实施。

11.4.1 工作准备

按计划做好施工准备工作，包括人员、材料、机具设备及工作场地的准备，具体要求如下：

(1) 人员：8～10 人为一组。

(2) 材料：按计划准备各种材料，进行钢筋外观检查和验收。

(3) 机具设备：确定状态完好方可使用。

(4) 施工现场：模板已支设牢固、符合楼板钢筋安装条件。

(5) 编制楼板钢筋安装技术交底。

(6) 编制楼板钢筋的配料单。

11.4.2 楼板钢筋安装工艺

(1) 工艺流程

模板清理→模板画线→绑扎下部受力筋→水电管线穿插埋设→设垫块和马凳→绑扎负弯矩钢筋→清理→钢筋质量检查。

各个阶段的工艺计划及施工要求见表 11-6。

楼板钢筋安装工艺计划表　　　　　　　　　　　　　　　表 11-6

序号	工艺过程	施工要求
1	钢筋进场验收	钢筋应有合格证、出厂检测报告和进场复检报告
2	钢筋调直、切断、弯曲	按钢筋配料单加工
3	模板清理	将模板的灰尘、杂物清除干净
4	模板画线	按图纸要求在模板上画钢筋位置线
5	绑扎下部受力筋	按施工图要求绑扎
6	绑扎负弯矩钢筋	按施工图要求绑扎

(2) 工艺要点

① 清理模板上的杂物，用吸尘器将整个顶板清理干净。

② 放轴线及上部结构定位边线，用粉笔在模板上画好主筋、分布筋的间距与位置，依线绑筋。

③ 楼板下部钢筋的绑扎，楼板钢筋起步筋距墙边 5cm，按画好的间距先摆放受力主筋，然后放分布筋，逐个进行绑扎。要求钢筋横平竖直，伸入到墙体里的主筋的长度不得小于墙厚的 1/2。扎丝的端头应随手摁向板内部，防止反锈。

④ 相交点绑扎一般用顺扣或八字扣，单向板（$B/L < 1/2$，B：宽度，L：长度）外侧两排全数绑扎，其余跳扎，双向板（$B/L \geqslant 1/2$）全数绑扎。

⑤ 对板的构造钢筋，每个扣均要绑扎，必须与下部受力筋对齐，且弯钩均垂直向下，锚固在墙的一端至少伸过轴线，达到锚固长度要求。

⑥ 楼板马凳筋设置，为确保上部钢筋的位置，在两层钢筋间加设马凳筋，马凳筋间距 1500mm。在楼板构造弯矩筋处根据墙体走向两侧各放置一道马凳筋。间距 500mm 左右，马凳筋要求放置在楼板下部最下层钢筋上侧，马凳筋与钢筋全部绑牢。

⑦ 放置预埋件与洞口加筋，并配合电工进行电管铺设；楼板筋保护层垫块呈梅花形布置，间距 1000mm，垫块的厚度 15mm（板筋的保护层厚度）。

⑧ 为防止顶板钢筋踩踏，钢筋绑扎完成后用废料做 30cm 高马凳（周转使用），在其上铺设脚手板，便于验收和混凝土浇筑。

11.5 总结评价

11.5.1 实训总结

参照表 11-7，对实训过程中出现的问题、原因以及解决方法进行分析，并与实训小组的同学讨论，将思考和讨论结果填入表中。

实训总结表

表 11-7

组号		小组成员		日期	
实训中的问题：					
问题的原因：					
问题解决方案：					
实训体会：					

11.5.2 成果检验

从钢筋入场检验至钢筋安装完毕，要保证楼板钢筋安装质量，需进行施工过程控制，按照钢筋加工、钢筋绑扎安装、施工综合验收 3 个方面进行验收。

楼板钢筋加工考核验收表见表 11-8，楼板钢筋绑扎安装考核验收表见表 11-9，楼板钢筋施工综合考核验收表见表 11-10。

楼板钢筋加工考核验收表　　　　　　表 11-8

项目			时间		地点		
姓名					指导教师		
序号	检验内容		检验要求	检验方法	评分标准	满分	得分
1	工作程序		正确的加工程序	观察	正确	10	
2	钢筋切断		切断位置符合要求	检查	符合要求	10	
3	主筋加工	弯钩角度	180°	检查	符合要求	10	
		弯后平直段长度	≥3d	检查	符合要求	10	
4	负筋加工		符合要求	检查	符合要求	10	
5	平整度		不扭曲	检查	符合要求	10	
6	安全施工		安全防范意识强	巡视	符合要求	10	
7	文明施工		活完场清	巡视	符合要求	10	
8	施工进度		按时完成	巡视	符合要求	10	
9	工作态度		团结守纪	巡视	符合要求	10	
考核员			考核日期		成绩	100	

楼板钢筋绑扎安装考核验收表　　　　　　表 11-9

项目			时间		地点		
姓名					指导教师		
序号	检验内容		检验要求	检验方法	评分标准	满分	得分
1	工作程序		正确	观察	正确	10	
2	搭接接头绑扎		方法正确	检查	符合要求	10	
3	顺扣绑扎		方法正确	钢尺量连续三档取最大值	错 1 处扣 1 分	10	
4	网眼尺寸		20mm	钢尺检查	错 1 处扣 2 分	10	
5	钢筋成形尺寸偏差		±5mm	钢尺检查	错 1 处扣 2 分	10	
6	受力钢筋	间距	±10	钢尺量两端、中间各一点，取最大值	错 1 处扣 1 分	5	
7		排距	±5		错 1 处扣 1 分	5	
8		保护层厚度	±3mm	钢尺检查	错 1 处扣 1 分	5	
9	安全施工		安全意识强	巡视	符合要求	10	
10	文明施工		活完场清	巡视	符合要求	5	
11	施工进度		按时完成	巡视	符合要求	10	
12	工作态度		团结守纪	巡视	符合要求	10	
考核员			考核日期		成绩	100	

楼板钢筋施工综合考核验收表 表 11-10

实训项目			实训时间		实训地点	
姓名					指导教师	
评价内容					分值	得分
知识要点		钢筋下料长度允许偏差			15	
		楼板钢筋加工的形状、尺寸			10	
		楼板钢筋安装位置、规格、接头、保护层			15	
操作要点		施工准备工作及施工组织			10	
		楼板钢筋加工步骤、验收			15	
		楼板钢筋安装步骤、验收			15	
操作心得					20	
考核员			考核日期		成绩	100

11.5.3 成绩评定

针对每个学生在实训工作过程中的表现和每个小组的实训工作成果进行评价，采取学生个人自评、小组自评、小组互检及指导老师或专业师傅评价相结合的方式，参照表 11-11 进行实训成绩评定。

楼板钢筋实训成绩评定表 表 11-11

	考核内容	分值	个人自评	小组自评	小组互评	教师评价
素质	纪律、卫生、文明	10				
	语言表达能力及沟通能力	10				
	团队合作精神	10				
能力	对实训任务工作目标的理解	10				
	实训过程中的组织和管理	10				
	操作步骤清晰明了	10				
	操作动作的正确性	10				
知识	知识掌握的全面性	10				
	知识掌握的熟练程度	10				
	知识掌握的正确性	10				
	合计					
	成绩评定					

思 考 题

（1）楼板钢筋绑扎施工工艺流程是什么？

（2）楼板马凳筋如何设置？

（3）楼板钢筋施工时的注意事项有哪些？

（4）钢筋绑扎时用尺杆画线的目的是什么？

（5）评价自己在实训操作时的优缺点。

任务 12　楼板混凝土内预埋件安装

在多层砌体结构房屋中，若采用现浇钢筋混凝土楼板，则在混凝土浇筑前，要预先安置预埋件及管线。预埋件有承重型的，如用于安装设备基础的预埋螺栓；也有非承重的，如用于穿水电管线的预埋套管。管线分电线管和水管。楼板内的电线管包括下层房间顶灯、上层房间墙上插座及楼板地插的电线管。水管包括给水排水管路、消防管路和空调冷凝水管路等。当管线较多且位置相对集中，为便于管线安装施工，也可在楼板上预留孔洞，在管线安装完毕后再浇筑混凝土封堵或在洞口周边砌墙形成管道井。

任务 5 已经详细介绍了砌体内预埋管线的制作与安装，本任务仅讨论预埋套管的制备与安装及预留洞的设置。图 12-1 为预埋件及管线安装的照片。

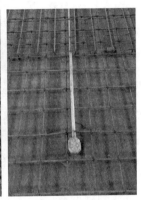

图 12-1　预埋件及管线制作安装

12.1　实训任务

（1）查阅图纸，统计混凝土中预埋件、预埋套管、预留孔洞、水电预埋管线、盒（槽）的位置及数量。

（2）进行水、电、暖等设备工种安装前期预埋预留技术交底。

（3）预埋件及管线制备，包括预埋件制作、预埋套管制作、电气接线盒制备等。

（4）卫生间管道井楼板预留洞布置。

（5）卫生间楼板安装防水钢套管，包括脸盆下水管、马桶下水管、淋浴房下水管、地漏等。

（6）房间楼面居中布置顶灯一盏，与房间门口墙上的预埋开关盒相连。卫生间楼面居中布置顶灯一盏，与卫生间门口墙上的预埋开关盒相连。完成线管和线盒安装固定、管路敷设、封口保护。

（7）在阳台端部安装焊接阳台栏杆的预埋件。

12.2 实训目标

技能目标：具有识读给水排水、电气、暖通等专业施工图的能力；能正确统计管线预留、预埋件预埋的位置、数量、形状、尺寸；掌握预埋件及管线的制作、安装要求及施工工艺，能正确使用工具设备进行预埋件及管线的制作、安装等施工；能对相关材料或配件进行进场检验，能正确填写相关资料。

知识目标：了解管线预留、预埋件的作用；了解预埋件及预埋管线材料的工程性能；掌握预埋件及预埋管线的制作、安装要求。

情感目标：培养学生诚恳、虚心、勤奋好学的学习态度和科学严谨、实事求是、爱岗敬业的工作作风及团队意识；培养学生良好的职业道德、公共道德和吃苦耐劳、勇于探索、不断创新的精神。

12.3 实训准备

混凝土结构钢筋绑扎基本完工或部分完工后，须配合土建施工进行预埋件及预埋套管布置，在进行隐蔽工程验收后方可浇筑混凝土。混凝土内预留预埋应按设计及规范要求配合土建进度完成。楼板混凝土内预埋件安装主要包括墙体内预埋穿墙套管、楼板内预埋套管或预留洞。施工人员应熟悉所有预留孔洞、预埋套管的位置、规格，以确保准确无误地预留预埋。

12.3.1 知识准备

阅读施工图纸，查阅教材及相关资料，解答表 12-1 中的问题，并填入相关参考资料名称，记录学习中所遇到的其他问题。根据实训分组，针对表中的问题分组进行讨论，为完成实训任务打好基础。

问题讨论记录表 　　　　　　　　　　　　　　　　　　表 12-1

组号		小组成员		日期	
问　题		问题解答			参考资料
1. 如何防止卫生间楼板渗漏水？					
2. 混凝土楼板预留洞位置的楼板钢筋如何处理？					
3. 如何保证预埋件在混凝土中准确定位并可靠锚固？					
4. 其他问题					

12.3.2　工艺准备

根据实训施工图纸，在表 12-2 中画出楼板平面管线布置图，描述楼板内管线布置安装的步骤与方法，写出管线安装质量控制要点及质量检验方法。分组对上述内容开展讨论，确定楼板管线预埋安装工作方案。

楼板混凝土内管线预埋工作方案　　　　　　　　　　　　　　　　表 12-2

组号		小组成员		日期	
楼板平面管线布置图					
楼板预留洞边附加补强钢筋布置图					
楼板预埋套管的防水构造					
质量控制要点及质量检验方法					
人员分工及时间安排					

12.3.3　材料准备

预埋件所用主材、辅材的规格、型号应符合图纸要求。套管的主要材料有钢套管、刚性防水套管、PVC 套管。管材等材料应有出厂合格证。套管的规格应符合设计要求，管壁薄厚均匀，内外光滑整洁，不得有砂眼、裂纹、毛刺和疙瘩。

当楼层有防水要求时，如卫生间楼板、平屋顶的顶层楼板，穿越楼层的钢套管应具有防渗漏功能，如图 12-2 所示。图 12-2 左右两部分分别用于不同场合。在焊接防水套管时，防水翼环的焊接应按标准图集要求控制焊缝质量。焊缝应饱满，不得有裂纹和砂眼，且不能焊穿套管。套管口内边要倒角，清除焊渣和毛刺边。

各组根据各自的实训任务，确定所需的材料和数量，编写材料计划表，见表 12-3。由实训指导老师检查结果并评定以后，方可以到材料库领取材料。领取的材料应认真检查，禁止使用不符合规范要求的材料。

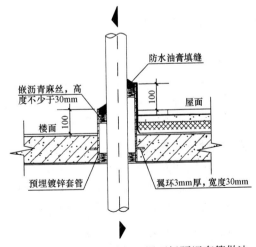

图 12-2　管道穿越楼板、屋面板预埋套管做法

111

材 料 计 划 表 表12-3

序号	名 称	规格品种	单位	数量	备 注
1	防水钢套管	Φ120	m	50	组长领取
2	PVC导管	Φ16	m	20	
3	接线盒	48mm×27mm×14mm	个	8	
4	接头套管	1吋	个	8	
5	锁母	Φ16	只	8	
6	胶水	PVC快干型	罐	1	各小组共用
7	木方	30mm×50mm	m	5	按需要量截取
8	木条	20mm×10mm	m	5	
9	预埋钢板	10mm厚	m²	2	

12.3.4 设备、工具及防护用品准备

各组按照施工要求编制实训所需设备、工具及安全防护用品计划表，见表12-4。经指导老师检查核定后，方可领取工具及物品。各组均要对领取的物品进行登记，经手人须签名。工具搬运到实训现场，应作清点。领取的工具及防护用品应经过认真检查，禁止使用不符合规范要求的工具及防护用品。

设备、工具及安全防护用品计划表 表12-4

序号	名称	规 格	单位	数量	备 注
1	手电钻	16.8V	把	2	在师傅指导下使用
2	开孔器	40mm	台	1	
3	切割机	2.2kW	台	1	
4	手锯	F-240S	把	1	每组1把
5	锯条	27/3350	只	1	每组1只
6	钳子	8吋	把	1	每组1把
7	卷尺	5m	把	1	每组1把
8	水平尺	1.2m	把	1	每组1把
9	线坠	400g	个	1	每组1个
10	安全帽	《安全帽》GB 2811—2007	顶	1	每人1顶
11	手套	《针织民用手套》FZ/T 73047—2013	付	1	每人1付

此外，预埋钢套管制备时还需要使用电焊机、焊口检测器、砂轮切割机、磨光机、手锤、錾子等。套管及盒子安装时需使用红外线水平仪、卡尺、小线等测量器具。

12.3.5 施工注意事项

（1）在结构施工阶段配合土建预埋时应注意避免钉子扎脚，临边作业不能踩空。

（2）作业面应随时清理干净，废弃物和余料应清运至楼下指定堆放地点。

（3）所有进场的管材应具备材料出厂合格证及进场验收记录。

（4）套管在混凝土浇筑前要进行保护、封堵，防止灰浆污染管道。

（5）密切关注墙体和楼板钢筋绑扎进度及合模进度，及时安排水电预留预埋施工。

（6）进行预留预埋施工时要对照上、下层施工图纸，按图纸要求做好预留孔洞。厨房、厕所的预留洞应注意洁具的位置以及厨房厕所内的线管布置，以免在安装时损坏线管。

（7）严防水电管将钢筋抬起或扰动变形。

（8）长边尺寸 300mm 以下的预留孔洞严禁断筋，尺寸超过 300mm 的预留孔洞尽量避免断筋，如钢筋被截断必须按规范要求补强。

12.4　实训操作

教师根据学生编制的预埋件安装施工方案、材料计划表、工具计划表等，与学生一起讨论，帮助学生纠正安装方案、制备工艺和计划中的不妥之处。学生对方案和计划中的不足之处进行修改，并经确认后方可实施。

预埋件安装的工艺流程为：接线盒、管段预制→测量放线定位→线盒固定→管路敷设→封口保护。各项工作的施工要求详见表 12-5。

管线预留预埋安装工艺计划表　　　　　　　　　　　表 12-5

序号	工艺过程	施工要求
1	材料进场验收	进场导管、接线盒等应有合格证、出厂检测报告和进场复检报告
2	接线盒、预埋管线、预埋件预制	按结构施工图和规范要求预制
3	测量放线定位	必须严格按施工图纸和规范定位
4	线盒固定	接线盒预埋位置必须准确、整齐
5	钻孔、管路敷设	钻孔前必须按建施图、结施图确定楼板的准确位置，保证钻孔在楼板范围内，管路应严格按设计布管，沿最近的方向敷设
6	封口保护	封堵严密，防止杂物进入管内

12.4.1　预留孔预埋件技术交底

熟悉图纸，根据施工方案中的工艺和方法做好准备工作。在底层钢筋绑扎完后，参看有关专业设备图和装修图，核对各种管道的平面布置、标高是否有交叉，管道排列所用空间是否合理，根据施工图绘制专业预留预埋图。在进行预埋套管施工前，对具体施工相关工种如焊工、电工、水暖工、钢筋工等进行技术交底，逐一明确电路、给水排水管路、消防管路、空调冷凝水管等套管安装和孔洞预留方案，确定安装施工方案，形成技术交底，见表 12-6。

技术交底　　　　　　　　　　表 12-6

施工小组名称			单位工程名称		
施工部位			施工内容		
技术交底内容	套管安装和孔洞预留				
交底人签名		接受交底负责人签名		交底时间	年　月　日

12.4.2 套管制备

按设计图纸在实际结构位置做标记，按标记分段量出实际安装的准确尺寸，记录在施工图上，然后按图纸的尺寸预制加工、校对。

（1）套管分为金属套管和塑料套管。在管道穿墙体施工时，随管道一起后施工的套管可以采用塑料套管，但预埋在混凝土内的套管，要采用钢套管。

（2）套管加工前先将套管外的铁锈打磨干净，然后根据所穿构筑物的厚度及管径尺寸确定套管的规格、切割长度。套管的管径应比所穿的管道大2号。穿楼板套管要求高出建筑标高 20～30mm，卫生间及厨房的套管要求高出完成面 50mm。

（3）根据套管的规格尺寸选择对应的材料，在管材上画好齐口线，画线应考虑割缝，切口应垂直管轴线，切口应平整光滑。钢套管采用机械或氧气-乙炔焰切割，切割后管口应用磨光机打磨，保证管口平齐。

（4）固定钢套管应采取焊接附加筋形式，附加筋再与楼板内钢筋焊接或绑扎牢固。钢套管不能直接和主筋焊接。

（5）套管内外表面及两端口需做防腐处理，断口平整。

（6）有防水要求时，钢套管外应加焊止水翼环。止水翼环下料可参考表12-7的尺寸。选择对应厚度的钢板后，先用样冲在圆心冲孔，然后在钢板上画线，用法兰规割下外圆和内圆，根据楼板的厚度确定止水翼环安放位置，止水翼环应在楼板厚度中心。翼环和套管轴线垂直，在焊接时止水翼环的焊接要求是焊波均匀一致，焊缝饱满，焊缝表面无裂纹、结瘤、夹渣和气孔，具有阻水防水的功能。焊接后将焊渣清理干净。翼环及钢套管加工完成后，在其管内壁均匀刷沥青漆一遍。

止水环翼环宽度及钢板厚度（mm） 表 12-7

规　格	钢板厚度	翼环宽度	规　格	钢板厚度	翼环宽度
DN25	$\delta=10$	31	DN150	$\delta=10$	51
DN32	$\delta=10$	31	DN200	$\delta=12$	51
DN40	$\delta=10$	31	DN250	$\delta=14$	51
DN50	$\delta=10$	30	DN300	$\delta=14$	75
DN65	$\delta=10$	30	DN350	$\delta=14$	74
DN80	$\delta=10$	31	DN400	$\delta=14$	75
DN100	$\delta=10$	51	DN500	$\delta=16$	75
DN125	$\delta=10$	49	DN600	$\delta=16$	100

12.4.3 套管安装

（1）安装在卫生间及厨房内的套管，其顶部应高出装饰面 50mm。安装在其他楼板内的套管，其顶部应高出装饰面 20mm，底部应与楼板底面相平。在预留过程中，以钢筋上的结构标高线为准，根据结构标高线与建筑标高线的关系，按照图纸规定的建筑标高预留预埋。

（2）凡穿有水房间的楼板、阳台、露台的上下水管必须预埋刚性防水套管，并加设止水翼环。

（3）管道接口不得设在套管内。

（4）预埋上下层套管时，中心线必须垂直于楼板或墙体。穿过楼板的套管与管道之间的缝隙应用阻燃密实材料和防水油膏填实，端面光滑。

（5）穿越有人防要求墙面的套管、穿越水池壁的套管须安装防水套管。安装防水套管的位置要准确，套管不能歪斜和偏位。在梁钢筋安装好合模前调整其位置，确保其平面位置上下对齐贯通，并用钢筋焊牢或绑扎固定好，套管内用苯板、水泥袋子或黄砂等填充密实。完成后对套管位置进行复核，若有偏移应及时调整。

12.4.4　预留孔洞

预留孔洞应配合土建施工进行。所有预留孔洞的中心位置及标高偏移设计位置应不大于 20mm，见表 12-8。

公称管径、楼板或墙体留洞尺寸和套管管径（单位：mm）　　　表 12-8

公称管径	≤DN25	DN32～DN50	DN75～DN100	DN125～DN150
留洞尺寸	100×100	150×150	200×200	300×300
套管管径	DN40	DN50～DN100	DN125～DN150	DN175～DN200
立管距墙尺寸	50	50	70	100

12.4.5　成品保护

（1）预埋完成后浇筑混凝土前，应用废报纸、废布条或其他废料将套管管口堵住。

（2）浇筑混凝土前，应再次复核套管、预埋管位置、标高、规格等是否正确。

（3）浇筑混凝土时，应派专人负责监护，即看管护线，以防预埋管、套管、预留孔洞移位或被破坏。

12.5　总结评价

12.5.1　实训总结

参照表 12-9，对实训过程中出现的问题、原因以及解决方法进行分析，并与实训小组的同学讨论，将思考和讨论结果填入表中。

实 训 总 结 表　　　表 12-9

组号		小组成员		日期	
实训中的问题：					
问题的原因：					
问题解决方案：					
实训体会：					

12.5.2 成果检验

管线预留预埋、预埋件自检表见表 12-10。管线预留预埋、预埋件验收表见表 12-11。

管线预留预埋、预埋件自检表　　　　　　　　表 12-10

实训项目		实训时间		实训地点	
姓名				指导教师	
	评价内容			分值	得分
知识要点	预埋件及管线所用材料检查			10	
	预埋件及管线制作			10	
	预埋件及管线安装			10	
操作要点	预埋件及管线按图下料			10	
	预埋件及管线制作程序及质量要求			15	
	预埋件及管线连接			10	
	楼板钢筋安装步骤、验收			15	
操作心得				20	
考核员		考核日期		成绩	100

预埋管安装考核验收表　　　　　　　　表 12-11

实训项目			实训时间		实训地点	
姓名					指导教师	
序号	检验内容	检验要求	检验方法	验收记录	分值	得分
1	预埋件外观	无鳞锈、锈皮、油漆、油渍，符合设计要求	观察		5	
2	预埋件规格数量	符合设计要求	检查		5	
3	预埋件的畅通性	无堵塞现象	检查		10	
4	预埋管的连接	连接方法符合设计要求，连接牢固，不漏气、漏水	检查		15	
5	预埋件埋设高程、位置	符合设计要求	检查		15	
6	预埋件埋设深度和外漏长度	符合设计要求	检查		15	
7	安全施工	安全意识强	巡视		10	
8	文明施工	活完场清	巡视		10	
9	施工进度	按时完成	巡视		10	
10	工作态度	团结守纪	巡视		5	
考核员			考核日期		成绩	100	

12.5.3　成绩评定

针对每个学生在实训工作过程中的表现和每个小组的实训工作成果进行评价，采取学生个人自评、小组自评、小组互评及指导老师或专业师傅评价相结合的方式，参照表 12-12 进行实训成绩评定。

实训成绩评定表　　　　　　　　　　　　　表 12-12

	考核内容	分值	个人自评	小组自评	小组互评	教师评价
素质	纪律、卫生、文明	10				
	语言表达能力及沟通能力	10				
	团队合作精神	10				
能力	对实训任务工作目标的理解	10				
	实训过程中的组织和管理	10				
	操作步骤清晰明了	10				
	操作动作的正确性	10				
知识	知识掌握的全面性	10				
	知识掌握的熟练程度	10				
	知识掌握的正确性	10				
	合计	100				
	成绩评定					

思　考　题

（1）给水排水管路、消防管路、空调冷凝水管等套管安装和孔洞预留的作业条件有哪些？

（2）电气管线敷设的要求有哪些？

（3）简述 PVC 管加工制作的步骤。

（4）楼板开洞口时应如何处理楼板内的钢筋？

（5）在楼板内进行水电管线施工时有哪些注意事项？

参 考 文 献

［1］ 中华人民共和国行业标准．建筑施工安全检查标准 JGJ 59—2011［S］．北京：中国建筑工业出版社，2011.

［2］ 中华人民共和国行业标准．建筑施工高处作业安全技术规范 JGJ 80—2016［S］．北京：中国建筑工业出版社，2016.

［3］ 中华人民共和国国家规范．砌体结构工程施工质量验收规范 GB 50203—2011［S］．北京：中国建筑工业出版社，2011.

［4］ 中华人民共和国国家规范．砌体结构设计规范 GB 50003—2011［S］．北京：中国建筑工业出版社，2011.

［5］ 中华人民共和国国家规范．混凝土结构工程施工质量验收规范 GB 50204—2015［S］．北京：中国建筑工业出版社，2014.

［6］ 中华人民共和国行业标准．施工现场临时用电安全技术规范 JGJ 46—2005［S］．北京：中国建筑工业出版社，2005.